图1 白菜霜霉病

图2 黄瓜霜霉病病叶正面多角形病斑

图3 黄瓜霜霉病病叶背面灰黑色霉层

图4 筱麦菜霜霉病病叶正面

图5 筱麦菜霜霉病病叶背面白色霉层

图6 福美双在豇豆上的药害

图 7 辣椒疫病

图 10 辣椒猝倒病

图 8 茄子绵疫病

图 11 噁霉灵在黄瓜上的药害

图 9 番茄绵腐病

图 12 番茄灰霉病病叶

图 13 番茄灰霉病病果

图 14 辣椒灰霉病

图 16 黄瓜灰霉病病叶

图 15 黄瓜灰霉病病果

图 17 西葫芦灰霉病

图 18 嘧霉胺在茄子上的药害

图 21 黄瓜炭疽病

图 19 番茄早疫病

图 22 辣椒炭疽病

图 23 番茄斑枯病

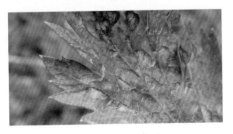

图 20 芹菜早疫病

图 24 络氨铜在辣椒上的药害

4

图 25 白菜黑斑病病叶正面

图 28 茄子枯萎病

图 26 白菜黑斑病病叶背面

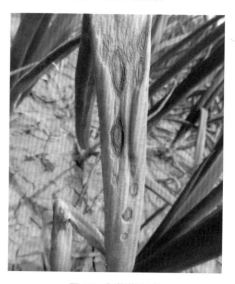

图 29 大葱紫斑病

图 27 茄子黄萎病

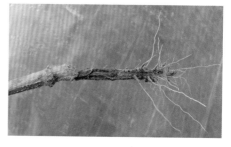

图 30 辣椒根腐病

图 31 豇豆白粉病

图 34 丙环唑在黄瓜上的药害

图 32 黄瓜白粉病

图 35 丙环唑在茄子上的药害

图 33 丙环唑在番茄上的药害

图 36 丙环唑在萝卜上的药害

6

图 37 丙环唑在冬瓜上的药害

图 40 三唑酮在茄子上的药害

图 38 丙环唑在莜麦菜上的药害

图 39 三唑酮在黄瓜上的药害

图 41 氟环唑在豇豆上的药害

图 42 戊唑醇在黄瓜上的药害

图 45 茄子菌核病病茎

图 43 戊唑醇在番茄上的药害

图 46 茄子菌核病病茎内黑色菌核

图 44 大葱锈病

图 47 白菜软腐病

图 48 甘蓝软腐病

图 51 甘蓝黑腐病

图 49 番茄软腐病

图 52 辣椒青枯病萎蔫病株

图 50 辣椒软腐病病果

图 53 辣椒青枯病菌脓在水中溢出

9

图 54 乙蒜素在黄瓜上的药害

图 57 番茄黄化曲叶型病毒病

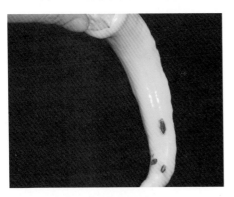

图 55 辣椒疮痂病病果

图 58 辣椒轻型花叶病毒病

图 56 番茄条斑型病毒病

图 59 辣椒重型花叶病毒病

图 60 丝瓜病毒病

图 61 西葫芦病毒病鸡爪状病叶

图 62 西葫芦病毒病病果

图 63 番茄根结线虫病瘤状根结

图 64 菜粉蝶

图 65 菜粉蝶卵

图 68 有机磷杀虫剂在小白菜上的药害

图 66 菜粉蝶幼虫

图 69 辛硫磷在黄瓜上的药害

图 67 菜粉蝶蛹

图 70 小菜蛾幼虫

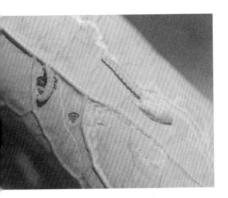

图 71　小菜蛾幼虫及蛹

图 74　甜菜夜蛾幼虫

图 72　阿维菌素根施在黄瓜上的药害

图 75　棉铃虫

图 73　甜菜夜蛾卵

图 76　棉铃虫幼虫

图 77 烟青虫幼虫

图 80 桃蚜

图 78 豇豆荚螟幼虫

图 81 敌敌畏在黄瓜上的药害

图 79 瓜绢螟幼虫

图 82 烟粉虱

图 83 烟剂在黄瓜上的药害

图 86 茶黄螨危害茄子

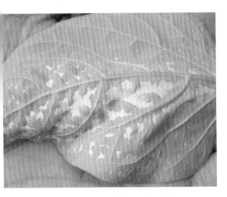

图 84 烟剂在辣椒上的药害

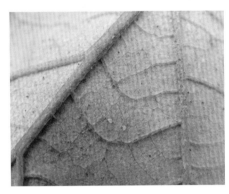

图 87 茶黄螨危害茄子

图 85 茶黄螨危害辣椒

图 88 美洲斑潜蝇危害豇豆

图 89 茄二十八星瓢虫

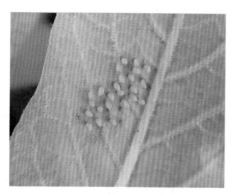

图 90 茄二十八星瓢虫卵

图 91 茄二十八星瓢虫蛹

图 92 蛴螬

图 93 蝼蛄

16

新型职业农民书架丛书

蔬菜施药对与错

胡 锐 主编

中原农民出版社
·郑州·

图书在版编目(CIP)数据

蔬菜施药对与错／胡锐主编. —郑州：中原农民
出版社,2016.1
ISBN 978 - 7 - 5542 - 1376 - 6

Ⅰ.①蔬… Ⅱ.①胡… Ⅲ.①蔬菜 - 农药施用 Ⅳ.
①S436.3

中国版本图书馆 CIP 数据核字(2016)第 016563 号

蔬菜施药对与错

胡 锐 主编

出版社:中原农民出版社	官网:www.zynm.com
地址:郑州市经五路 66 号	邮政编码:450002
办公电话:0371 - 65751257	购书电话:0371 - 65724566

编辑部投稿信箱:djj65388962@163.com	895838186@qq.com
策划编辑联系电话:13937196613	0371 - 65788676
交流 QQ:895838186	

发行单位:全国新华书店
承印单位:辉县市晨阳印刷有限公司

开本:890mm×1240mm	A5
印张:5.25	
字数:141 千字	插页:16
版次:2016 年 9 月第 1 版	印次:2016 年 9 月第 1 次印刷

书号:ISBN 978 - 7 - 5542 - 1376 - 6   定价:19.80 元
本书如有印装质量问题,由承印厂负责调换

丛书编委会

本书编委会

主　编　胡　锐

副主编　邢彩云　李元杰　李月瑞　李丽霞　樊会丽
　　　　王素梅　吴伟丽　杨树春　赵丹琦　申爱民
　　　　申公安　柴　升　苏聪玲　王朝阳

参　编　韩宏斌　吴永松　吴营昌　沙广乐　许之东
　　　　梁建中　杨爱华　胡　娜　刘真真　张军杰
　　　　弓增志　马海州　王守宝　马建华　姜　涛

前 言

　　以喷施农药为主的化学防治是当前蔬菜病虫害的主要防治手段之一,是确保蔬菜生产安全、保障蔬菜有效供给的重要措施。随着蔬菜栽培方式的变化,复种指数的提高及蔬菜调运的频繁,尤其是保护地蔬菜种植面积扩大,蔬菜得以周年生产,病虫害种类增多,发生特点改变,一些次要病虫害上升为主要病虫害,新的病虫害不断出现,土传病害增多加重,突发性、暴发性的病虫害发生风险增大,防治难度越来越大,这对正确合理施用农药的要求越来越高。但在生产中由于农户对农药的基本知识认识不足,过多、过量使用农药防治病虫害,致使病虫害抗性增强,造成防治成本增加,防治效果不理想,甚至产生药害,增加了蔬菜的农药残留,给蔬菜食用带来安全隐患。因此,在蔬菜生产过程中,正确防控病虫害是确保蔬菜生产安全的重要环节。鉴于此,我们编写了《蔬菜施药对与错》。

　　《蔬菜施药对与错》上篇重点介绍了使用农药的影响,农药施药误区,正确施药方法;下篇主要介绍了蔬菜主要病虫害及防控措施。本书共收集了90余张蔬菜主要病虫害图片及施药药害图片,更加直观地让读者识别蔬菜病虫害,了解不同种类的农药对蔬菜的影响。本书文字浅显易懂,图文并茂,防治方法实用,适合新型职业农民、农业技术人员、植保专业化服务组织(合作社)、种植大户和广大农民群众阅读。

　　本书在编写过程中,得到了一线植保技术员、农药经销商、蔬菜种植户及中原农民出版社的大力支持,在此一并致谢! 同时,我国

1

地域广阔,各地蔬菜病虫害发生差异大,防治方法要因地制宜,建议读者结合当地情况慎重使用。由于时间紧,受农时季节、拍摄设备等因素的限制,加之编者水平有限,书中错误及疏漏之处敬请广大读者、同行批评指正。

编 者

目 录

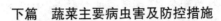
蔬菜施药对与错

下篇　蔬菜主要病虫害及防控措施

上 篇

农药的影响、施药误区及正确施药方法

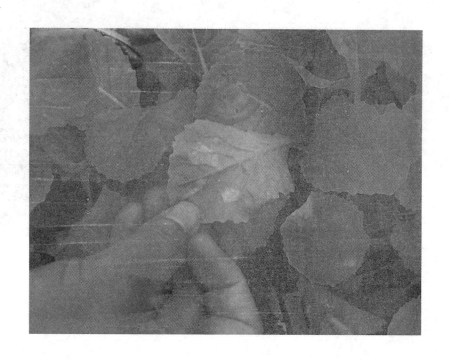

农药是一把双刃剑。作为重要的农业生产资料,农药在保证农业安全生产、增加农作物产量、增加效益的同时,如果使用不当,可造成环境污染、农药残留超标,对人类健康存在潜在威胁。本章主要介绍了农药的毒性问题,以及农药对环境和蔬菜商品的影响。

第一章
使用农药的影响

农药,是指用于预防、消灭或者控制危害农业、林业的病虫草鼠害和其他有害生物以及有目的地调节植物和昆虫生长的化学合成或者来源于生物和其他天然物质的一种物质或者几种物质的混合物及其制剂。农药在防治病虫害,保证农业稳产、丰产的同时,随着其品种和用量不断增加,一些农药进入土壤、大气、水体及生物体内,通过生物富集和食物链在生物体内残留,造成环境污染、农产品农药残留超标、疾病增加等农药公害问题,严重危害了人类健康,破坏农业生态平衡,对环境造成很大的影响。

第一节

农药毒性问题

一、农药毒性概述

习惯上将农药使人、畜中毒的性能称为毒性,毒性是表征农药能否危害环境与人、畜安全的主要指标。农药毒性分为急性毒性和慢性毒性两种。

急性毒性,是指农药药剂经皮肤、口或呼吸道等途径一次性进入动物体内较大剂量,在短时间内引起急性病理反应的毒性。

慢性毒性,是指农药药剂在长期连续小剂量口服或接触后,经过一段时间累积到一定量引起慢性病理反应的毒性。

(一)农药毒性的表示方法

衡量或表示农药急性毒性的程度常用大白鼠经口致死中量(LD_{50})作为指标。LD_{50}值越大,说明农药药剂毒性越低,故以此来区分各种农药毒性的高低。

然而每一种农药 LD_{50} 数值,都不能直接应用于人类,也不能仅以经口 LD_{50} 数值的大小来判断农药对人、畜的安全程度。对于农药生产者和使用者,较多的是经皮肤或吸入中毒。所以,口服急性毒性指标不是唯一的,实际上对使用者来说,经皮肤毒性更为重要。

（二）农药毒性的分级

关于农药毒性，我国卫生部门已颁布了一个分级标准，见表1。此外，还有用毒效比值（白鼠口服 LD_{50} ／家蝇口服 LD_{50} ）来表示毒性程度的，毒效比值小，说明安全性小，毒性高；反之，毒效比值大，则较为安全。

表1　中国农药急性毒性暂行分级标准（卫生部）

给药途径	高毒	中毒	低毒
大鼠口服（毫克/千克）	<50	50~500	>500
大鼠经皮［毫克/（千克·天）］	<200	200~1 000	>1 000
大鼠吸入［克/（米³·时）］	<2	2~10	>10

（三）农药中毒的类型

农药可以通过呼吸道、皮肤、消化道进入高等动物体内而引起中毒，人、畜中毒一般分为下列2种类型：

1. 急性中毒　一些毒性较大的农药如经误食或皮肤接触及呼吸道进入体内，在短期内可出现不同程度的中毒症状，如头昏、恶心、呕吐、抽搐痉挛、呼吸困难、大小便失禁等。若不及时抢救，即有生命危险。但也有些中毒者有长期连续接触一定剂量农药的过程，并不立即发病，而要经过一定的潜伏期才表现出来，但最终表现中毒症状与急性中毒类似。

2. 慢性中毒　有的农药虽然毒性不高，但性质较稳定，使用后不易分解消失，污染环境及食物，直接或间接被人、畜摄食后，在体内积累，引起内脏机能受损，阻碍正常生理代谢过程。

慢性中毒一般起病缓慢，病程较长，症状难于鉴别，大多没有特异的诊断指标，目前主要从致癌、致畸、致突变等项做出判断。

二、农药进入人体的途径

农药进入人体主要有3种途径：经口、经皮肤和经呼吸道（经鼻）。

（一）经口进入人体

这种危险主要来自以下几种情况：第一种情况是农药的保管不严。在一家一户的条件下，如果不能严格按照农药安全操作的规定，将农药存放在远离生活空间的地方，并设专门的带锁的箱、柜保存，则很容易接触到食品或被人误饮误食。此外，还有人将用过的农药包装瓶等经过简单冲洗后盛装食品或饮料等。第二种情况是施药人员工作结束后没有认真清洗在田间施药时的身体裸露部分，特别是手和脸，便立即就餐，也容易发生农药经口进入的危险。

还有一种情况是在田间就餐或饮食。在我国一些地区的农村，人们有带食物下田作业的习惯。这是发生农药经口进入人体的常见途径。这种习惯应坚决戒除。

（二）经皮肤进入人体

在进行施药作业时，农药极易通过皮肤进入人体。根据人体体表面积统计计算，以及我国农民在田间施药时的活动状态，约63%的身体表面有可能接触到药剂，其中以双手的接触机会最多，此外是裸露的手臂、腿和脚。在施药作业中，包括取药、配药和田间喷洒等作业，手使用的最多。而在各种类型的农药制剂中，油剂、乳油、微乳剂等最容易通过皮肤进入人体。

对于农药通过皮肤进入人体，只有采取穿着防护服的方法来很好地控制解决。如果不能购买使用专业的防护服，对自制的防护服，联合国粮农组织提出了以下几点原则性要求：①穿着舒适，但必须能充分保护操作人员的身体。②防护服的最低要求是必须轻便，且能覆盖身体的任何裸露部分。③不论何种材料的防护服，必须在穿戴舒适的前提下尽可能厚实，厚实的衣服能有效地阻止农药的穿透，厚实的棉质衣服通气性好，优于塑料服。④施药作业结束后，必须及时把防护服清洗干净。⑤防护服应保持完好无损，如有破损及时修补更换。⑥使用背负式喷雾器时，应在防护服的背部加装塑料层，以防药液渗漏。

（三）经呼吸道进入人体

主要是通过鼻孔进入。据美国环境保护局统计计算出的人的平均呼吸量,在完全休息状态下男性为每分 7.4 升,轻度劳动时为每分 29 升,强烈劳动时为每分 60 升,男性比女性强约 1 倍。所以,在田间进行施药作业时由于处在中等强度劳动状态,农药的挥发物或雾滴、细粉都比较容易随空气而被吸入。使用具有熏蒸作用的农药及气雾剂时,必须注意防范。采取飘移喷雾法时,也应注意操作人员必须始终处在上风位置,以免吸入超细雾滴。粉剂在空中的飘浮时间比较长,喷粉时更应注意防范。

保护呼吸系统的主要工具是面罩或鼻罩,防粉尘吸入则可使用简单的口罩。

三、引起农药中毒的原因

(一)生产性中毒的原因

生产性中毒多由以下原因引起:①不注意个人防护。配药、拌种、拌毒土时不戴橡皮手套或防毒口罩。施药时不穿防护服,赤足露背,或用手直接撒播经高毒农药拌种的种子。②施药时间选择错误。例如,在七八月的高温季节施药时没有避开中午等酷热时间。③配药不小心。药液污染皮肤,或药液溅入眼中,没有及时清洗;人在下风处配药施药,吸入农药过多,等等。④喷药方法不正确。如人在下风处施药,或多人同田、同时施药时,未按梯形前进下风侧先行,引起粉尘、雾滴污染。⑤发生药械漏水、冒水等故障,徒手修理,甚至用嘴吹,农药污染皮肤或经口进入体内。⑥连续施药时间过长。经皮或经呼吸道进入体内的药量较多,加之人体疲劳,抵抗力减弱。⑦施药过程中吸烟、喝水、吃东西,或是施药过后未经洗手、洗脸等清洗过程就直接饮水、饮食、吸烟等。

(二)非生产性中毒的原因

非生产性中毒多为农药或经农药处理过的种子、粮食等未经妥善存放,或未设立相关安全警示而造成人、畜的误用、误食等。

四、农药中毒的救治

(一)现场急救

农药中毒的现场急救应视中毒者的情况而定,首先是立即使中毒者脱离中毒现场,转移到空气新鲜的地方进行处理。其次应遵从下列原则:

1. 经皮肤引起的中毒者　尽快脱去中毒者被农药污染的衣物,并用清水清洗皮肤。若农药溅入眼中,用清水或生理盐水冲洗15分以上,然后视情况送医院治疗。

2. 吸入引起的中毒者　观察现场,如中毒者周围空气中农药味很浓,可判断为吸入中毒,应立即将中毒者转移,使中毒者保持呼吸畅通,然后视情况送医院治疗。

3. 经口引起的中毒者　经口中毒者,要尽快进行催吐、洗胃、导泻,消除消化道内的农药,但神志恍惚或明显严重者不宜催吐,应立即送医院进行治疗。在现场引吐的简便方法是给中毒者喝200～300毫升水(浓盐水或肥皂水也可),然后用干净的手指或筷子等刺激咽喉部位引起呕吐,并保留一定量的呕吐物,以便化验检查。

(二)医院抢救

医院抢救主要是辨别中毒原因,对症治疗,或选用解毒剂进行救治,减轻或解除中毒者的各种症状,控制病情发展,促进受损害器官恢复功能。一般应采用下列几种措施:

1. 清洗体表　在现场已冲洗的基础上,应再对被污染皮肤做彻底清洗,除用清水外,可在需要时酌情用一些中和剂冲洗,如5%碳酸氢钠、0.3%氢氧化钙等碱性溶液,又如3%硼酸、2%～3%乙酸等酸性溶液。使用中和剂后,再用清水或生理盐水洗去中和液。

2. 催吐　催吐是对经口中毒者排毒很重要的方法,其效果常胜于洗胃。已现场引吐者入院后可再次催吐。

3. 洗胃　催吐后应尽快彻底洗胃。洗胃前要去除分泌物、假牙等异物,根据不同农药选择不同洗胃液,具体操作方法是:插入胃管,先抽出内容物(留取一定量内容物做毒物检定),再灌注洗胃液。

每次灌注洗胃液 500 毫升左右,不宜过多,以免引起胃扩张。每次灌入量尽量排空,反复灌洗直至无药味为止。

4. 导泻 导泻的目的是排除已进入肠道内的毒物,阻止肠道吸收。由于很多农药以苯作溶剂,故不能用油类泻药,可用硫酸钠或硫酸镁 30 克加水 200 毫升一次服用,并多饮水加快排泄。但对有机磷农药严重中毒者,呼吸受到抑制时不能用硫酸镁导泻,以免由于镁离子大量吸收加重呼吸抑制。

5. 吸氧 通过吸入引起的中毒者,吸氧后可促使毒物从呼吸道排出体外。吸氧可对已吸收到血液中的毒物及代谢物有一定的氧化作用,可以促进解毒。

6. 输液 在无肺水肿、无脑水肿、无心力衰竭的情况下,可用 10% 或 5% 葡萄糖盐水进行输液,以便促进患者通过排尿将农药及其代谢物排出体外。输液时不能太快,以免诱发脑水肿或肺水肿。

7. 血液净化 一般采用血液、结肠、腹膜、肾脏透析手段进行,也可采用血液滤过、灌流及血浆交换术等手段。但中毒严重者、严重贫血者、严重心功能不全者、高血压者慎用透析术。

8. 使用解毒剂 一般来说解毒剂可分 3 类:一是去毒或中和解毒剂,如活性炭、高锰酸钾等,可与未被吸收的农药作用而防止吸收;二是药理性解毒剂,如阿托品等,它们与农药有相反的作用,但不直接与农药起作用,或不与农药抑制的酶起作用;三是特效解毒剂,如氯磷定、解磷定、双解磷、双复磷等。它们可直接与体内已被吸收的农药或其代谢物起作用,并纠正农药引起的生化损害。

(三)农药中毒急救注意事项

农药中毒急救注意事项包括:①送医院救治时应带上引起中毒的农药的包装瓶及标签。可拨打我国农药中毒 24 小时急救咨询电话(010-83132345),有关专家可以提供具有针对性的治疗和咨询推荐。如果需要更多农药信息,还可以给农药企业和其他有关单位打电话求助。②引吐必须在中毒者神志清醒时采用,中毒昏迷时不能使用,以免因呕吐物进入气管造成危险。③洗胃应在中毒者清醒时进行。抽搐者应控制抽搐后再进行洗胃。对服用腐蚀性农药的中毒者,不宜洗胃,可先行引吐,然后口服蛋清及氢氧化铝胶、牛奶等,以保护食管及胃黏膜。④特效解毒剂的品种在不断增加,但很多农药尚无特效解毒剂。因此在急救治疗过程中,不能单纯依赖解毒剂而忽略其他综合治疗手段。同时,由于有些解毒剂本身就可造成毒害作用,使用时应对症下药。

第二节
农药对环境的影响

人们施用农药防治病虫害时,农药进入环境后由于它的理化特性,会产生许多复杂的运动方式及化学反应行为,例如:渗透、质流、扩散、逸失等移动行为;蓄积、富集等吸收行为;代谢、消解等演变行为以及循环、解吸、轭合与结合、矿化和聚合等化学反应行为。

由于人类生存于地球表层生命体可活动的生物圈内,生物圈有固相(土、岩石)、气相(空气)和液相(水)三种非生物的环境构成要素和包括人、动植物和微生物等具有生命的生物构成要素所构成。这些要素紧密相连,相互依赖又相互制约,同时在不同环境下又可形成种种生态系,所以生物圈内存在着一系列大规模的循环机制。当农药进入某一生态系后必然会扩散、影响到其他生态系,从而影响整个生态环境。

一、农药对土壤的污染

农药对土壤的污染主要表现为农药在土壤中的残留,由于一些农药性质较稳定不易分解,在土壤中可残存较长时间。在有农药污染的土壤中,以后再栽种作物时,可能造成影响。同时,有农药污染的土壤中微生物和土栖无脊椎动物的生存也受到影响。

二、农药对大气的污染

农药对大气的污染主要是施用农药时产生的农药药剂颗粒在

空中飘浮所致。另外,大气的污染也可能由某些农药厂排出的废气所造成。大气传带是农药在环境中传播和转移的重要途径之一。

三、农药对水体的污染

农药对水体的污染是指农药直接投入水体或施用后土壤中残留的农药随水渗入地下水体,从而对水体和地下水体造成的污染。

在地表水资源日益短缺的今天,地下水使用量逐年增大,农药对地下水体的污染越来越引起各国重视。

水溶性大、吸附性能弱的农药容易随水淋溶进入地下水中。施药地区的降雨与灌溉对农药在土壤中的移动有很大的影响,特别是施药后不久遇大雨或进行灌溉,就容易引起地下水污染。

四、农药对生态系统的影响

生物(植物、动物、微生物)在自然界中不是孤立存在的,而是与周围环境相互作用、共同构成生态系统,在生态系统中,微生物、植物、昆虫、天敌之间以及它们与周围环境的相互作用,形成了复杂的营养网络和不可分割的统一整体。农药的施用对周围生物群落会产生不同程度的影响,严重时可破坏生态平衡。施用农药,在防治靶标生物的同时,往往也会误杀大量天敌。同时,害虫种群也可能发生变化,产生抗药性、再猖獗和次要害虫上升等问题。在养鱼、养蚕和养蜂地区,由于农药的飘移和残留,导致对鱼类、家蚕和蜜蜂的毒害作用。

第三节

农药对蔬菜的影响

我国是病、虫、草、鼠害发生比较严重的国家,据统计,我国发生农作物病、虫、草、鼠害种类约1 700多种,造成严重危害的约有100多种,重大生物灾害年发生面积60亿~70亿亩。如果不采取防控措施,可能造成我国粮食产量年损失约 1.1 亿吨,果品和蔬菜上亿吨,潜在经济损失 5 000 亿元以上。以喷施农药为主的化学防治技术是当前主要的病虫害防治手段,是确保水果蔬菜生产安全、保障水果蔬菜有效供给的重要措施。蔬菜作为最基本的消费品之一,其安全问题不仅关系到国民的健康,其出口优势、效益优势还将关系到我国农产品在国际市场上的竞争力及我国农业的增效和农民的增收。我国蔬菜种植的茬口复杂、病虫害多样、种植规模及组织化程度偏低等现状决定了蔬菜种植生产中农药的使用过量及不科学使用现象的普遍存在。

农药对蔬菜的影响主要表现在农药在蔬菜中的残留上。施用农药后,农药可以通过蔬菜的根系或叶、茎部等的组织进入蔬菜内部,这些农药一方面起到杀灭病菌和害虫的作用,另一方面也对蔬菜自身产生影响,不同蔬菜对农药的耐受性也不同,如果蔬菜自身对施用农药的浓度耐受不住,则蔬菜会受到农药的危害,蔬菜的生长和产量会受到影响,同时农药在蔬菜组织内会降解消耗,这就是农药的安全间隔期的由来,在农药的安全间隔期内采摘的蔬菜,必然会有农药残留超标的存在。

因此,应根据《农药管理条例》的规定,只有取得登记的农药才可生产、经营和使用。农药登记前需要进行产品化学、毒理学、药效、残留和环境等方面的试验,只有具有较好功效、对人畜健康安全、环境友好的产品,才能获得登记。批准登记的农药产品还要制定配套的安全使用技术,包括用药时期、用药剂量、施用方法、使用范围、注意事项和安全间隔期等,并在产品标签上明确标注,以指导农民安全使用。

由于对农药的认识和使用出现较多误区,滥用药、乱用药、施错药现象时有发生。认清农药的使用误区是正确合理使用农药的重要前提。本章介绍了生产中常见的农药施药误区。

第二章
农药施药误区

蔬菜病虫害种类繁多,危害严重,尤其是近年来保护地和反季节蔬菜生产发展很快,一些常发性病虫发生程度加重,一些次要病虫上升为主要病虫,新的病虫不断出现,土传病害增多加重,防治难度越来越大,这对正确合理施药的要求越来越高。但在生产中由于对农药的基本知识认识不足,而不能安全合理使用农药,造成防治成本提高,防治效果不理想,甚至产生药害,增加了蔬菜的农药残留,给蔬菜质量安全带来一定的隐患。因此,认清农药使用误区是把握好农药正确合理使用的重要前提。本章对蔬菜生产中使用农药存在误区进行分析,提出相应对策。

第一节

误区一:不能对症施药

由于不能正确识别病害症状和害虫形态,缺乏对新农药的性能、防治对象、范围、持效期及作用的了解,加之市场上农药名称五花八门,一种药多个商品名称,容易混淆和弄错,有的厂家将某些农药换成好听的名字,如"××灵""××绝""××王"等,严重干扰农户正确使用。而有的农户见了病虫害就用上次没用完的药,也不管是杀菌剂、杀虫剂,发生病害时用杀虫剂、发生虫害时用杀菌剂的现象时有发生,不仅增加了防治成本,而且还延误了最佳防病治虫的时机,造成不应有的损失。因此,在使用农药前,建议带上被害植株到植保部门找技术人员进行咨询,力求做到对症使用农药。

第二节
误区二:不能适时施药

一、防治时间不对

多数农户在病虫害发生初期不见虫、不见病斑不用药。农作物病虫害在发病初期危害很轻,此时用药效果好,易防治,且省药省力,一旦大面积暴发后,防治难度大,且需投入大量的农药,增加防治成本,费药费力,防治效果不理想。应在蔬菜生长中后期施用的农药在苗期用,造成药害或防治效果不理想,如在苗期用三唑类杀菌剂可抑制生长。

二、开花期施药

蔬菜的开花期和幼果期,其花器或幼果组织幼嫩,抗逆能力弱,对化学物质敏感,容易发生药害。因此,喷药时应尽量避开开花期(番茄灰霉病除外)和幼果期。

三、露水未干时施药

有的农户喜欢早晨凉爽时喷药。但早晨露水未干时喷药,杀虫效果不太理想。这是因为:一是害虫尚未出来活动,起不到防治效果;二是喷药后药剂被露水稀释会降低药效。

四、雨天施药

有些农户为了急于防治病虫害,雨天进行喷药,不但难以收到预期的防治效果,还造成了环境污染。如喷波尔多液时,由于铜离子渗透性强,石灰被雨水冲掉,剩下的铜离子腐蚀性很强,极易产生药害。所以,雨天不应施药。如果使用波尔多液,药液未干遇雨时,雨后立即补喷1次,或喷生石灰水80倍液。

另外,由于阴雨天,气温低,蔬菜的叶、果表皮细胞气孔闭塞,雨后天晴,气温骤高,表皮细胞气孔即刻扩大,吸收量加大,喷药容易造成药害。高温季节如果遇到大雨,天晴后不要立即施药,以使蔬菜有个适应过程,最好隔 1 天再施药。

五、大风天气施药

有些人认为有风天喷药剂(特别是粉剂或超低容量喷雾的药剂)易随风飘散,效果好。其实大风天喷施农药难以到达目标部位,不仅不能达到应有效果,而且会严重污染环境。在喷粉时风速不宜超过 1 米/秒,超低容量喷雾时,风速不宜超过 3 米/秒。

六、高温天气施药

高温下药液挥发很快,农药不能随水迅速渗透到叶、果组织内部而浓缩,造成药害,同时也易造成作业人员中毒,尤其是毒性高、挥发快、碱性强的农药表现更为明显。应避开中午高温喷药,特别是 32℃以上天气,要在上午 10 点前和下午 4 点后施药。

七、不利条件下施用微生物农药

环境条件对微生物农药的使用效果影响较大。一是在温度过低条件下使用。使用生物农药时一般要求应具有较高的环境温度,有些农户在使用时,忽视环境因素的影响,不注意选择在气温较高的天气条件下使用,甚至在冬天和早春寒冷的天气条件下使用,造成防治效果不佳。二是在干燥天气条件下使用。如微生物杀虫剂白僵菌,主要成分是白僵菌活孢子,使用后通过直接接触虫体,或被害虫吃入消化道,在适宜的条件下孢子萌发,在虫体内繁殖,产生白僵素和草酸钙结晶,引起昆虫中毒。如果在晴天上午 10 点至下午 4 点高温干燥的条件下使用,效果就会不佳,主要是湿度过低所致。因此,应选择在阴天、雨后或早晨等空气湿度大时使用。三是使用后下大雨。微生物芽孢最怕大雨冲刷,因为大雨可将喷施的菌液冲刷掉。如果喷施后 5～6 小时遇小雨,不但不会降低药效,反而可提高防治效果,因为小雨对芽孢发芽大为有利,害虫一旦吃后会加速死亡。所以,在使用微生物农药前一定听天气预报。四是不避阳光。不避开高温、强阳光的中午施用,致使药效下降。微生物属活体农药,阳光中的紫外线对芽孢有致命杀伤作用,阳光直射 30 分,会杀死 50% 芽孢,照射 1 小时后,芽孢死亡率高达 80%,而且紫外线的辐射还导致伴孢晶体变形降低药效,因此,要选择在下午 4 点以后或阴天使用,效果会较好。

第三节

误区三:不能适量施药

一、任意加大农药剂量

有些农户为了提高防治效果,农药配制时不按比例、不看标签、不用计量器具,没有数量概念。在施药过程中任意加大用药量,随意施药。这主要是他们对农药存在误解,总认为农药使用量越大效果越好。这种施药都超过规定浓度,不仅造成浪费,而且易发生药害,同时也加快了病虫的抗药性。如用 1.8% 阿维菌素乳油防治螨虫,推荐使用 6 000~8 000 倍液,实际用到 2 000 倍液,导致螨虫抗药性增强,并增加了防治成本。

二、任意减少用水量

有些农户为了图省事,减轻劳动强度,或认为农药浓度越大,对病虫的防效就越好,"每亩地用一瓶,为什么要用两桶水打呢,我一桶水就可以打一亩地了。"一般来说蔬菜田推荐一亩用水量为 40~60 千克,充足的用水量十分重要,因为虫卵、病菌多集中于叶背面、根系附近的土壤中,而且研究发现,施药器械喷出的药液只有 30%~50% 能够沉积在植物叶片上,能够落到防治对象害虫、病斑上的不足 5%。施药时用水量少,很难做到整株喷施,没有喷到之处的残余卵、病菌很容易再次暴发,加大施用浓度还能强化病菌、害虫的耐药性。当一亩地的用药量浓缩于一桶水施用,超过安全浓度,还有可能发生药害。激素类农药施用浓度过高时,会起反作用如抑制生长或致蔬菜畸形,如在黄瓜、番茄、茄子等施用生长调节剂过量,可使叶片皱缩卷曲、植株矮化不长(似病毒病症状),或果实畸形。应该根据蔬菜长势、密度、病虫害的位置、药剂的性质及喷雾器械性能等,来确定用药剂量和药液量。

第四节

误区四:不能适法施药

一、将颗粒剂泡水后喷雾用

颗粒剂农药的规格、组成等,大都是根据它的防治对象和被保护对象的生物学特点及用药部位的环境条件研制生产的,因而具有很强的专用性、特效性和投放目标性。当前主要用于地面及地下。防治害虫,严禁浸水喷雾。另外,生产颗粒剂的原药多属高毒农药,经过粒化处理后毒性降低,可以增加使用时的安全性,浸水喷雾会使其毒性恢复,使用时容易引起施药人员中毒。

二、粉剂对水使用

粉剂农药是由一种或多种原药与陶土、黏土等填料,经机械加工粉碎混合而成的,粉粒较粗,不易结块,流动性和分散性好。因为粉剂不易被水湿润,也不能分散和悬浮在水中,所以不能加水喷雾使用。一般都作喷粉使用,高浓度粉剂可拌种、土壤处理或配制毒饵等。

三、可湿性粉剂用来喷粉

可湿性粉剂是由一种或多种原药和填料,加入一定数量湿润剂经机械加工粉碎混合而成。其粉末细度比粉剂好,能被水所湿润,并能均匀地悬浮在水中,其悬浮率一般在 70% 以上,可使液体药剂充分黏着在植物和有害生物体表面上,使药剂发挥触杀或胃毒作用。可湿性粉剂主要是对水喷雾使用,因为它含有易吸湿的湿润剂,能使药粉结块或成团,故不能作粉剂使用。因为它的分散性能差,浓度高,易产生药害,所以也不能作毒土撒施用。

四、喷药时只喷叶片正面

不少农户喷施农药,只喷叶片正面及大(成龄)叶片,造成农药吸收率低,防治效果差。由于叶片背面比叶片正面气孔多,并具有较松散的海绵组织,细胞间隙大而多,利于渗透和吸收;另外,幼叶较老叶吸收率高,因此,喷施时一定要把叶片背面喷匀,还要特别注意对幼叶的喷施。

五、喷药时将喷头紧贴植株喷

有的农户喷药时将喷头紧贴着植株喷,想着这样植株能充分着药,防治效果好,但是事与愿违。因为雾滴较小,更容易黏附在植物叶片或虫体上,而手动喷雾器采取的是压力雾化方式,药液从喷头被"挤压"出来后,由一个大雾滴被"拉"成小雾滴的变化过程,一般要经过30 厘米以上的距离才能够完全雾化,所以在喷洒农药时,必须保持喷头与蔬菜的距离在 30 厘米以上,避免将喷头贴近蔬菜表面喷雾。另外,喷出的药液对植物表面的冲击力越大,就更容易被反弹回来落到地面。机动喷雾器为弥雾型,直射喷雾将大大降低工作效率,不能充分发挥机动喷雾器雾化好、工作效率高的特点。机动喷雾作业的正确方法应是在蔬菜上方 20 厘米处,顺风实施飘移喷雾。

六、大雾滴喷雾

有的农户喜欢大雾滴喷雾,喷到叶片上的药液直至往下滴的程度,认为这样药液多,防治效果就好。其实,这种方法会使喷雾不均匀,特别是影响触杀性杀虫剂的防治效果。大雾滴喷雾还易造成药液流失,植株低矮时,浪费更严重。据测定,喷药喷到叶片上药液滴下时药液沉淀量仅为最大沉淀量的 50%,不能最大限度地发挥药效,并造成农药的大量浪费。

七、任意扩大喷片孔径

一些农户嫌原配喷片孔径较小,流量不大,费工费时,就擅自扩大喷片孔径,导致喷片孔不规范,出现大雾滴、偏流量,更不要说均匀喷雾。应事先购买不同规格孔径的喷片,根据需要更换喷片,达到预期目的,切不可擅自扩大孔径,影响喷雾质量和防治效果。

第五节
误区五:不能科学混配

一、任意混配农药

为了提高药效,又图省事,有些农户一次将几种农药混合使用,由于不了解农药性质,没有小面积试验,缺乏经验,常会造成药效降低或发生药害,如敌百虫与碱性农药(石硫合剂)混合使用,增加毒性。同一类型的农药混合使用易导致病虫害产生抗药性,如多菌灵和甲基硫菌灵混合使用,这两种药属于同一类杀菌剂,甲基硫菌灵被植物组织吸收后先转换成多菌灵再发挥杀菌效果,这两种药剂混配实际上只是增加了剂量。再如杀虫剂敌杀死(溴氰菊酯)、灭扫利(甲氰菊酯)、速灭杀丁(氰戊菊酯)、功夫(三氟氯氰菊酯)等都属于拟除虫菊酯类农药;同一种有效成分不同商品名的农药混合使用易增加使用量,增加成本,阿巴丁、齐螨素、爱福丁、害极灭、虫螨克等杀虫剂,其有效成分都是阿维菌素;大生、喷克等有效成分均是代森锰锌。因此,生产中怎样混配药剂应该听从技术人员指导或先试验确定效果后再混合使用,不要盲目混配。

二、不了解农药的交互抗性

如多菌灵、苯菌灵、甲基硫菌灵都属于苯并咪唑类杀菌剂,它们之间一般存在交互抗性,即病菌对其中一种杀菌剂产生了抗药性,再用其他的品种也同样有抗药性。有交互抗性的农药不能交替使用。如对多菌灵产生抗药性的病菌,则不能使用苯菌灵、甲基硫菌灵,可改用乙霉威。保护性杀菌剂不易产生抗性,和这类农药交替使用,也可取得良好效果。

三、长期使用单一农药品种

"这个药剂效果好,我每次喷药都要用。"主要是农户对病虫的抗药性没有一定的认识。当第一次使用某种农药效果好,以后就长期使用或连续使用,在一个生长季内从不更换品种。从而造成病虫产生抗药性,结果药量越大,病虫抗药性越高,造成恶性循环,特别是一些拟除虫菊酯类杀虫剂和内吸性杀菌剂更为明显。每个药剂均推荐在一季或一年内使用一定的次数,通常在标签上有注明。目的就是为了延缓病虫的抗药性。要注意轮换使用作用机制不同的农药,这是延缓病虫害产生抗药性的有效方法之一,如防治霜霉病的甲霜灵限制一季使用 3 次,并配合使用保护性杀菌剂。

四、长期使用拟除虫菊酯类杀虫剂

有些农户在防治食叶害虫时图省事,为降低成本,往往大量使用拟除虫菊酯类杀虫剂,导致害虫产生抗药性且天敌数量迅速减少,生物链平衡遭到破坏,害虫容易泛滥成灾。某些拟除虫菊酯类药剂会刺激叶螨繁殖,促使雌螨比例增大,延长雄螨寿命,推迟滞育期,增加滞育卵数量。

第六节

误区六：不能策略施药

一、只打应急药，不预防

"没虫没病，我打什么药？浪费钱！"见虫才杀虫，见病才治病。一些农户对病虫的发生规律认识不够，重治疗，轻预防。殊不知，见虫杀虫、见病治病才是最浪费钱的。一般情况下，低龄虫对农药抵抗力差，随着虫龄的增长其抗药性也随之加大，在害虫3龄之前的低龄阶段以及虫量小尚未开始大量取食危害之前使用药剂防治是最佳时机，这时往往虫小、虫少，不易发现，而一些农民在害虫已大发生时才开始用药，既造成了一定损失，同时药效也难以发挥作用。病害防治中更加应该在病害初侵染前或发病中心尚未蔓延流行之前进行用药防治。还有一些农户不了解杀菌剂的作用机制，不论保护性杀菌剂，还是治疗性杀菌剂都要等病害发生、流行时才施药，这时施药，往往效果不佳，既造成了经济损失，又未起到防病的作用。

二、盲目防治，经常打"保险药"

在调查中发现一些农民在病虫害防治中，对病虫的发生规律认识不够，为了预防病虫害发生危害，经常打一些"保险药"。为确保田中无病虫，每隔3~5天打一回药，不管病虫发生轻重，甚至都不管它是否会发生，造成浪费，污染环境。病虫害的发生都有其规律性，只有达到了防治指标并掌握最佳防治时机用药，才能既节省成本，又能达到最理想的防治效果。如达不到防治指标就不必用药剂防治，即使用药，也有选择，以减少用药次数，降低防治成本，降低病虫对药剂产生抗药性的风险。同时，应综合运用农业、物理等防治措施，控制病虫发生危害，尽量减少化学药剂的使用次数和使用剂量。

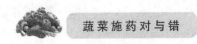

三、盲目跟从，看别人打药就跟着打

有的人看到邻居或者村里的"能人"在地里打药，就像得了信号，是不是也该打药了？也不管自己田内有没有病虫害，人家打啥药就打啥药，肯定没错。应该根据自己田里病虫害的发生情况，因病虫而异。

四、不能区分保护性杀菌剂和治疗性杀菌剂

在病害发生后，甚至病害比较严重时，有的农户仍然使用保护性杀菌剂进行防治，且连续多次喷施，结果收效甚微。如在农药标签上注有"广谱杀菌剂"的属保护性杀菌剂，如大生（代森锰锌）、科博（波尔多液·代森锰锌）、可杀得（氢氧化铜）等，这类农药应在发病前或发病初期使用；如标签上注有"内吸"的则属内吸治疗剂，适于发病后使用，如乙膦铝、瑞毒霉（甲霜灵）、世高（苯醚甲环唑）等。

五、重视害虫防治，轻视病害防治

害虫危害比较直观，病害的危害相对较隐蔽，如根结线虫病、根腐病等，发生较严重时才能引起注意，防治中往往顾此失彼，重视防虫，轻视治病。应多了解病害发生症状及规律，认真观察，及时防病。

六、不管什么病虫防治一次就行了

在病虫害发生盛期用杀虫剂、杀菌剂防治一次虽能取得明显效果，但随着农药的流失和分解失效，受邻近地块病虫害的影响，仍有发生危害的隐患，应间隔 7～15 天，连续用药数次，才能达到最佳防治效果。叶面肥、激素类农药喷施后，植物只能从叶面微量吸收，宜在适用期"少量多次"喷施，才能达到理想效果。

七、重复施药

有的农户喷剩下的药液舍不得倒掉，再重复喷一次，可导致植

株因着药较多而造成药害,同时还污染环境,尤其是生长调节剂。应将剩下药液倒掉,不再重复喷施。应根据施药面积决定药液量,特别是最后一次配制尽可能用量恰当,减少浪费。

第七节

误区七:不能安全施药

一、认为高毒农药就是高效农药,缺乏安全意识

目前,优质农药正向高效、低毒、低残留的方向发展,而不少农户认为毒性高,效果就好,对低毒、高效的农药缺乏了解。"给我拿个药过来,多少钱都没问题,只要一喷虫子立马就死的,就行。"速效性的农药使用后很快便表现出效果,前面打药,后面就死虫,农户看着就很高兴。一些生物农药如苏云金杆菌、阿维菌素效果不错,但由于只是杀死虫卵或抑制昆虫蜕皮,效果表现慢,就不为大家所认同。为了追求速效性,有些农户通过非法渠道购买剧毒、高毒、高残留农药防治病虫害,尤其是防治害虫,例如用铁灭克(涕灭威)、呋喃丹(克百威)防治蔬菜根结线虫的现象仍存在,造成农产品安全隐患。要按国家颁布的《农药安全使用规范》《农药安全使用标准》《农药合理使用准则》《农药管理条例》等法规规定执行,严禁剧毒、高毒、高残留农药在蔬菜上使用,切不可随意扩大使用范围和改变使用方法。

二、不注重农药登记

有的药剂只适用于某种或几种蔬菜,如果用在其他蔬菜上,有可能无效,敏感蔬菜还会产生药害。如敌敌畏对瓜、豆等易产生药害,尽量不用或慎用,也可改用其他药剂。

三、不注重农药安全性,购买不正规产品

少部分零售店引导农户购买不正规产品,赚取暴利。现在市场上的农药种类较多,鱼龙混杂,还有一部分"三证"不全及假冒伪劣的农药。这类产品不正规,没有经过严格的正式登记,所有毒力、药效、残留、毒性、使用方法等均无从了解。虽然有些药剂效果看起来很好,但可能会出现农药残留超标、造成药害、对天敌伤害大、污染水源等问题。同时,这些不正规产品多是一些山寨产品,经常改头换面或者赚一笔就收手的,出问题无法追踪来源。还有些农户看到农药标明可将真菌、细菌、病毒等多种病害一网打尽,或者标签上画了很多虫子,便会当它们是好农药而购买,而这些正好是不正规产品生产者诱导农户购买的手段。

四、使用失效农药

农药放久了会因挥发、光解、变质、失效(分层、沉淀等)降低药效,挥发性强的农药尤其易失效。亚胺硫磷久置结晶出来,使用时须使晶体溶解后再用。敌敌畏必须在阴凉、干燥、密封条件下保存,且不宜久置。有的农户使用上年剩下的农药,这些农药由于瓶盖口松、袋口封闭不严,夏季受潮,结块混浊变质。有的甚至喷至中途把药液搁在喷雾器里隔几天后又用,影响了药效,甚至无效。再用使用过的药剂时,乳油要求均匀半透明,无絮状物,无分层,无沉淀,加入水中能自行分散,水面无浮油;粉剂要求不结块;可湿性粉剂要求加入水中能迅速并均匀分散于水中。如达不到以上质量标准则不能使用。

五、打完药立即采摘上市

喷过农药后,要间隔一定时间才能采收,以便农药降解,才能保证农产品中的农药残留低于国家允许的标准,这段时间称为农药的安全间隔期。如80%敌敌畏乳油1 000倍液喷青菜、白菜,其安全间隔期不少于7天;2.5%溴氰菊酯乳油2 500倍液喷洒瓜菜,安全间

隔期不少于 15 天;75%百菌清可湿性粉剂 600 倍液喷洒瓜菜,安全间隔期不少于 7 天。安全间隔期的长短,取决于施用农药的种类、用药次数、施药方式以及蔬菜种类和气候状况。

针对农民朋友在施药过程中存在的种种误区，本章从对症施药、适时施药、适量施药、适法施药、合理混配与轮换用药、策略施药等方面提出了各种正确的施药方法。

第三章
正确施药方法

只有正确合理地施用农药,才能提高防治效果,节省农药用量,且不会产生副作用,达到安全、经济、有效的目的。正确的施药方法包括对症施药、适时施药、适量施药、适法施药、合理混配与轮换用药、策略施药和安全施药等。

第一节
对症施药

　　防治病虫害就像医生给病人看病一样,只有诊断出病因,"对症下药","辨证施治",才能做到"药到病除"。蔬菜病虫害的种类很多,且其危害症状、形态特征、生物学特性、发生特点等差异很大。农药的品种很多,特点不同,应针对要防治的对象,选择最适合的品种,防止误用;并尽可能选用对天敌杀伤作用小的品种。只有弄清了病虫害种类及其生育期、形态特征、危害特点、发生密度、天敌存量、抗性特点、防治指标等,才能有选择地使用有效农药种类及品种,达到控制危害的目的。无论哪一种病虫害都应该根据其种类及当时的发生环境选择用药。

一、根据不同病害种类选择用药

　　由于不同病害侵染循环、致病特点不同,因而选择的防治方法、施药的时期和选择的杀菌剂品种也不同。一些可通过种子或种薯传染的病害,如马铃薯环腐病,在收获时种薯带病,成为翌年的主要初侵染来源。因此,要选择适于种子处理的杀菌剂品种,采用浸种或者拌种的方法进行防治,杀灭种子或种薯所带的病菌,才能收到较好的效果。而对于一些借助气流传播的病害如黄瓜霜霉病、蔬菜白粉病、锈病等,其初侵染主要是靠越冬或越夏的孢子借助季风来完成的。对于这类病害如采用种子处理的方法,对中后期发病植株则毫无作用。因而只有根据田间实际发病情况,选用保护性或治疗性杀菌剂进行田间喷洒,才能取得良好的防治效果。另外,对于一些由传毒媒介昆虫所传播的病毒病,如烟粉虱传播番茄黄化曲叶病毒病,选用适宜的杀虫剂消灭传毒害虫往往能取得事半功倍的防治效果,而如果只选用杀菌剂进行防治,则达不到较好的防治效果。另外,也可以根据病原菌类别来选用不同的杀菌剂,如霜霉病、晚疫病等,选用乙膦铝、甲霜灵、霜霉威盐酸盐等杀菌剂,可取得较好的防治效果。又如白粉病、锈病等应选择三唑酮、烯唑醇等三唑类杀菌剂,方能取得较好的防治效果。如果上述两类药剂颠倒使用则达不到防治效果。因此,对于蔬菜病害的防治,更应根据种类的不同而选择对症药剂。

二、根据不同害虫种类选择用药

不同类型的害虫只能用相应的药剂来防治。每一种药剂都有一定的使用范围,就是一些广谱性的农药,也不是所有虫害都能防治。如菜青虫、小菜蛾、甜菜夜蛾、蝗虫等咀嚼式口器的害虫,主要是取食蔬菜的叶子,如果使用以胃毒作用为主的药剂去防治,则会收到较好的效果。其原因在于胃毒杀虫剂最适用于咀嚼式口器害虫,杀虫剂同食物由消化道进入害虫的血液,最终扩散至神经靶标,而导致害虫中毒死亡。而蚜虫、螨虫、叶蝉、飞虱、蝽等刺吸式口器的害虫通常是取食植物的汁液而造成危害,对于这类害虫如使用以胃毒作用为主的农药,则防效一般很差,若使用以内吸作用为主的杀虫剂,则效果较好。因为内吸性杀虫剂可以被植物吸收,并在植物体中输导、扩散和存留,有的品种还可通过植物或昆虫的生理生化作用而代谢为更高效的杀虫剂。如乐果在昆虫体能氧化成活性更高的氧乐果。当害虫吸食了这些带药的植物汁液之后,药剂便进入害虫的消化道,直接穿透肠壁进入血液,到达神经靶标致害虫死亡。所以,在防治害虫时最基本的原则就是根据害虫的口器以及取食特点来选择用药。但是有些农药品种如选择性杀蚜剂抗蚜威,是一种以触杀作用为主兼有熏蒸作用和渗透作用的杀虫剂品种,它虽无内吸功能,但对菜蚜、豆蚜的防治效果却很好,而对棉蚜效果极差。这个问题说明了同是一种农药对同一类害虫中的不同种群也会表现出截然不同的效果。因此,在选择农药品种时要根据害虫种类去选择,但防治对象属同一类而不是同种时,应先做试验,然后再大面积使用。

第二节

适时施药

适时用药是合理用药的关键。根据蔬菜病、虫的不同种类,首先选择适用农药品种,然后考虑最适用药时期。蔬菜病虫害的防治适期一般是指病虫害在整个生育期中最薄弱和对农药最敏感的时期,因此选择施药时间应当考虑防治对象的生物学特性及发生规律、病害的侵染过程与循环、蔬菜耐药期、环境条件和农药种类,做到适时用药。同时,还应注意尽可能地避开天敌对农药的敏感期。此时使用药剂进行防治可收到事半功倍的效果。现在各地已对许多重要病、虫制定了防治标准,即常说的防治指标。根据调查结果,达到防治指标的田块应该施药防治,未达到指标的不必施药。农药的施用一般应选择晴天的早上或傍晚,切忌在阴雨或大风天气喷洒农药。

一、根据病害不同的侵染循环特点选择最佳施药时期

杀菌剂的防效与施药时期的关系十分密切,施药时期选择不好将直接影响防治效果。病害的侵染过程是病原物与寄主植物可侵染部位接触,并侵入寄主植物,在寄主植物体内繁殖和扩展,然后发病,显示病害症状的过程,一般分为接触期、侵入期、潜育期和发病期等4个时期。侵染性病害的延续发生,在一个地区首先有侵染的来源,病原物必须经过一定的途径传播到寄主植物上,发病以后在病部还可产生子实体等繁殖体,引起再次侵染。病原物还要以一定的方式越夏和越冬,度过寄主的休眠期,才能引起下一季发病。病害的防治措施应根据病害的循环特点而定,从病原初次侵染和再次

侵染、病原物的越夏和越冬、病原物的传播途径三方面着手,即阻隔、杀灭初次侵染和再次侵染病原,清除越夏和越冬病原,切断病原传播途径。

（一）阻隔、杀灭初次侵染和再次侵染病原

在病原物没有接触植物或没侵入植物体前,用药剂处理植物或周围环境,从而保护植物免受病原菌侵害。如预防番茄早疫病,可在苗期,病害发生前,施用氢氧化铜、代森锰锌、百菌清等保护性杀菌剂预防病害的发生。比如番茄灰霉病的防治,花期是侵染高峰期,在温度适宜(18~23℃),空气相对湿度90%以上的情况下,应选择花期为最佳施药期,如果施药时期过迟或太早则防效均很差。如病原菌已侵入植物体内,可用内吸性药剂杀灭,药剂可从植物表皮渗入植物组织内部,经输导、扩散或产生代谢物来杀死或抑制病原菌。

（二）清除越夏和越冬病原

有的病原物可在土壤中越冬或越夏,如茄科类蔬菜黄萎病、枯萎病的防治要对苗床或定植田进行药剂消毒;又因为病原菌可以在收获的种子、块茎和块根内越冬,要在播前药剂浸种、拌种或消毒种薯。

病毒、类病毒、类支原体大都只能在活着的介体昆虫体内、种子或繁殖材料内存活。如番茄黄化曲叶病毒病由烟粉虱传播,防治时结合早期防治烟粉虱,控制此病害。线虫可以以卵、2龄幼虫或各龄幼虫、成虫和包囊的形态在土壤内或植物组织内、外越冬或越夏。如蔬菜根结线虫病的防治可在播种或定植前,用阿维菌素、丁硫克百威、厚孢轮枝菌、淡紫拟青霉等药剂进行土壤处理。

（三）切断病原传播途径

病原传播途径有气流传播、雨水传播、生物介体传播、土壤肥料传播、人为传播5种方式。如细菌性病害多半是由雨水和昆虫传播,据报道跳甲、蟓的成虫,菜粉蝶与大猿叶虫的幼虫的口腔、肠管内有软腐病菌。麻蝇、黄翅菜叶蜂和小菜蛾等昆虫体内外也带菌(体表带菌较多),可远距离传播。因此,防治软腐病除采用高垄栽培,雨后及时排水,还应及时防治害虫危害,减少因其危害造成伤口,导致软腐病的发生。

二、根据害虫各生育期的不同特点选择最佳施药时期

害虫在一个世代里要经过3~4次的变态。一般可划分为:成虫期、卵期、幼虫(若虫)期、蛹期(不完全变态类的害虫没有),害虫在这些不同的生育期内其抗性水平差异很大。卵期是害虫生命活动的开始,卵壳具有较好的保护功能,一般药剂不易穿透,并且在卵初期,卵壳中的胚胎尚未完全形成,神经系统、神经功能传递媒介物还不存在,而目前所用的绝大部分杀虫剂均为神经毒剂,这种药剂对害虫卵杀伤效果极差,而当大部分卵块的胚胎发育已经完成,神经系统已经形成并开始工作,此时喷施具有杀卵作用的杀虫剂一般都会有较好的防效。幼虫期是害虫取食危害时期,在这一时期内害虫的体态随着不断取食并蜕皮而逐渐变大。其抗药性也增强。因此,对于一般害虫来讲,杀虫剂的最佳施药适期应选取在幼虫期3龄以前。此时害虫个体小、体壁嫩薄,蜡质少,因而抗药性差,而且取食量小,尚未造成严重危害。但对于那些钻蛀性害虫如棉铃虫、烟青虫、菜螟等,其杀虫剂最佳施药适期,应选择在卵孵化高峰期,此时害虫尚未钻蛀到果实或茎秆中,如果成虫世代重叠,幼虫世代不整齐,那么施药适期就应该改为产卵盛期,如果在3龄以前施药,害虫一旦钻蛀入茎秆或果实中后,防治就十分困难。蛹期是幼虫向成虫过渡的一个中间期,不完全变态害虫没有这一虫期。这一虫期的害虫不食不动,多处于隐蔽场所,有蛹壳和其蛹外附属物如茧的保护,这一时期用药效果很差,而采用其他防治措施,如耕翻土地、大水浸淹等方法却能取得较好的防效。成虫期是害虫一个世代生命活动的最后一个时期,一般害虫羽化之后都要经过一段时间的飞翔和取食花粉、花蜜、果汁等活动以促使性器官发育和成熟。这一时期是选择糖醋液类毒饵进行诱杀的有利时期。这一时期过后性发育成熟,成虫便进入交配产卵时期,这一时期是利用人工合成的性诱剂杀成虫的有利时机。也可选用高压汞灯、黑光灯、频振式杀虫灯和

杨柳枝进行诱杀,也能取得明显的防治效果。根据害虫不同生育期来选择施药的最佳时期,就要选择在抗药性最差,分布较集中且尚未造成严重危害的时期内。

三、根据不同的气象条件选择最佳施药时期

气象条件与药效有密切关系,因此,在选择最佳的施药时期时应该考虑不同的气象条件对防治效果的影响。许多农药的防效与温度相关,如敌百虫、吡虫啉等属于正温度系数的药剂,即在一定的温度范围内随着温度的增高而防治效果提高。温度较高时可作为这些药剂的最佳施药时期。又如甲氰菊酯、联苯菊酯等属负温度系数的药剂,因此,这类药剂的最佳施药期应选择在每天的早晨和傍晚,阳光不直射,温度相对较低时为最佳施药时期。一些具有内吸输导功能的杀虫剂、杀菌剂,其防治效果和调节功能与温度、光照和湿度关系密切。当田间光照强烈,温度偏高,相对湿度低时,农药喷洒之后迅速挥发逸失,蔬菜吸收利用得少,其防效较差;而在田间光照较弱、温度偏低、相对湿度开始升高,药剂挥发散失较少,大部分可被植物吸收、输导,防效较好。因此,此类农药选择在每天下午或傍晚进行施药比较合适。对光比较敏感的农药如辛硫磷、敌磺钠等应避光使用,如采用拌种、混土处理或阴天使用。风雨可促使药剂很快流失,故雨前应暂缓施药,雨后病害蔓延快,应抓紧施药。雨季用药应选耐雨水冲刷力强的药剂或剂型,如内吸剂、胶悬剂、乳油等。微生物杀虫剂对光照和湿度比较敏感,一般强光照、低湿度的田间环境很难取得理想的防效,所以这一类杀虫剂的最佳施药时期就应选择在蔬菜生长后期。尤其在雾天露水较多时比较合适,如用苏云金杆菌防治棉铃虫的最佳施药时期就应选择在番茄生长的中后期,这时番茄田较密闭,湿度大,则其杀虫效果往往优于一些常规的化学药剂,且持效期也比较长。

第三节

适量施药

农药的使用剂量和浓度要适当,在使用农药的过程中提倡最低有效剂量,这是稳定防效、防止污染、预防抗性的有效措施之一,是取得经济效益和生态效益的关键。在施用农药时任意提高用药剂量或浓度、随意增加施药次数,会产生和加重农药副作用。选用最低有效浓度进行病、虫的防治,对于保护和利用天敌、进行综合防治、取得较好的防治效益具有积极的作用。不同农药品种防治不同的有害生物,其最低有效浓度或最低有效剂量是不同的,要了解和掌握各种农药在施药时的最低有效剂量,必须通过试验才能获得。为了确切把握应用时的最低有效剂量,必须对其中的"有效"正确地理解和认识。"有效",主要是指施用农药后的总体防效,包括对有害生物的直接杀伤效果和保护天敌所产生的间接效果,及其获得的生态效益和经济效益。按照最低有效施药浓度的观点对有害生物的直接防治效果应根据虫口密度的高低而有不同的要求,当田间有害生物空间密度较低时(即刚超过防治指标或刚越过经济阈限值时的病、虫发生密度),其化学防治的直接效果能达到80%就可以了,当田间有害生物密度过高时,为了及时有效地控制危害,其防治的直接效果应达到95%以上。要防治2种以上有害生物,最低有效用药剂量应以密度大、耐药程度高的一种为依据。同时,在施药时,一定要注意用药的方法和质量。为保证农药的适量使用,不仅考虑农药应用的剂量,还应降低农药的使用次数。

第四节

适法施药

选择适当的农药剂型,采用最佳的施药方法即配合先进的施药器械,对于降低农药用量、减少喷药次数、选择适当的农药剂型提高防治效果、保护生态环境、保障作业人员安全等都有积极意义。

一、选择适当的农药剂型

农药剂型有多种,如粉剂、乳油、颗粒剂、烟剂等,近年来,随着人们对环境、食品安全和可持续发展等问题的关注,一些新的农药剂型如悬浮(乳)剂、水分散粒剂、缓释剂已经成为发展热点。

悬浮(乳)剂中水不溶性固体原药形成的悬浮体系叫悬浮剂,水不溶性液体原药形成的悬浮体系叫悬乳剂,两种原药皆有的悬浮体系叫悬浮乳剂。悬浮(乳)剂无粉尘,不需任何有机溶剂,避免乳油中苯类溶剂对哺乳动物"致癌、致畸、致突变"的毒性,均是加水稀释形成均匀分散和悬浮的乳状液,以水为分散相,可与水以任意比例均匀混合分散,使用时受水质和水温影响较小,使用方便且不污染环境,是比较理想的剂型。水分散粒剂是近年来发展速度最快的剂型之一。该剂型具有崩解性、分散性、悬浮性、稳定性、流动性好,药效高,使用方便,储运安全等特点。缓释剂具有安全、合理、经济、有效的特点,它有效地降低了环境中的光、空气和水对原药的分解,并改变了释放性能,延长持效期;同时使高毒农药低毒化,减少了农药的飘移,减轻了对环境的污染和对作物的药害。

在选择农药剂型时,要根据病虫害的种类、蔬菜种植方式及品种等条件进行选择。生长期喷雾防治病虫害时,以悬浮剂、水分散粒剂、乳油等剂型较好,这些剂型细度好、悬浮率高,喷至靶标表面易渗透、吸收。而防治地下害虫等危害时间较长的害虫时,可使用微胶囊剂、颗粒剂等剂型,这些剂型持效时间长,可减少用药量。又如在保护地密闭、高温高湿的环境施药防治,以烟剂和粉剂较好,不增加空气湿度。

二、选用适宜的施药器械

农药最终的防治效果要通过药械和使用技术来实现,药械从提高作业效率、减轻劳动强度向高效、安全、精准施药方向发展。由于农药的剂型、作物及防治对象种类多种多样、作业条件复杂多变,决定了植保机械品种的多样性。施药器械按施用的农药剂型和用途分为喷雾机、喷粉机、烟雾机、撒粒机、拌种机和土壤消毒机等;按动力分为手动施药机具、小型动力喷雾喷粉机、大型悬挂、牵引或自走式施药机具和航空喷洒设备等;按操作、携带和运载方式等分类,手动喷雾器可分为手持式、手摇式、背负式、踏板式等;小型动力喷雾机具可分为担架式、背负式、手提式、手推车式等;大型动力喷雾机具可分为牵引式、悬挂式、自走式和车载式;按喷液量多少分为常量喷雾、低量喷雾、微量(超低量)喷雾机具等,低容量及超低量喷雾机喷雾量少、雾滴细、药液分布均匀、工效高,是目前施药技术的发展趋势;按雾化方式可分为液力式喷雾机、气力式喷雾机、离心式喷雾机、静电喷雾机和热力喷雾机等。还出现了可控雾滴喷雾机、循环喷雾机、对靶喷雾机、实时传感或与 GPS 结合的智能喷雾机和喷雾机器人。随着当前我国农业科技的发展以及土地流转进程的加快,多种先进的大型施药器械进入生产应用,如无人驾驶低空植保飞行器、自走式高地隙喷杆式喷雾机等。

在实际选用药械时,要注意以下事项:①要注意防治对象即蔬菜病虫害的危害特点及施药方法和要求。如病虫在蔬菜上发生或危害的部位,种植方式,选择作业方式(喷粉、熏烟等),喷雾是常量、低量或超低量等。②要了解防治地块的大小、环境条件及所选施药机械对它的适应性。如田块是在平原还是丘陵,蔬菜的大小、株行距,考虑所选药械在田间作业及运行的适应性,在行间的通过性能。③要了解蔬菜的栽培及生长情况。如蔬菜的株高及密度,是苗期还是中后期,要求药剂覆盖的部位及密度,所选取药械的性能是否能满足防治要求。④根据经营模式、规模以及经济条件选择。如分户承包还是合作社等集体经营,防治面积大小与要求的生产率,购买能力及机具作业费用(药、水、油或电费、人工费等)承担能力,以确定选购机械的施药能力,人力机械还是动力机械以及药械的大小等。

三、采用最佳的施药方法

正确的施药方法是根据病虫害的种类、危害特点、农药剂型、施药环境等因素而定。常见的施药方法有喷雾法、包衣法、拌种和浸种法、土壤处理法、灌根法、喷粉法、熏蒸法、涂抹法等。

(一)喷雾法

喷雾法是利用器械将药液雾化成细小雾滴,并均匀地覆盖在防治对象及其寄主表面。喷雾法是最常用的大田施药方法,可防治蔬菜病害和常见的地上害虫,此方法能将药液均匀喷布在植株或虫体表面,达到杀菌治虫的效果。根据单位面积上用液量的大小和雾滴的大小,可分高容量、中容量、低容量、很低容量、超低容量5种类型,见表2。大田常用的是中容量喷雾法,也称常量喷雾或常规喷雾,多用手动喷雾器施药。

表2　喷雾技术的分类和相应的喷雾机械

喷雾方法	施药液量 (升/亩)	雾滴直径范围 (微米)	选用机械
高容量喷雾法	>40	100 ~ 400	手动喷雾器、大田喷杆喷雾机
中容量喷雾法	13.33 ~ 40	100 ~ 300	手动喷雾器、大田喷杆喷雾机
低容量喷雾法	3.33 ~ 13.33	100 ~ 200	机动背负气力式喷雾机
很低容量喷雾法	0.33 ~ 3.33	100 ~ 200	手动喷雾器、常温烟雾机、电动圆盘喷雾机
超低容量喷雾法	<0.33	50 ~ 150	电动圆盘喷雾机

（二）包衣法、拌种法和浸种法

包衣法、拌种法和浸种法是防治种传病害的主要方法，也是预防苗期病虫害及地下害虫的常用方法。

包衣法是将种衣剂包覆在种子表面形成一层牢固种衣的种子处理方法，可防病、治虫、消毒、促长。包衣法需用种衣剂和种子包衣机通过一定包衣操作程序，进行种子包衣。种衣剂包含杀菌剂、杀虫剂、植物生长调节剂，也可以含有肥料、微量元素等。与浸种或拌种所用药肥不同，种子包衣后这些成分能够在种子上立即固化成膜，在土中遇水溶胀，但不被溶解，不易脱落流失，具有更好的靶标施药性能，而且对人、畜及天敌安全。

拌种是将药剂和种子按一定的比例，搅拌均匀，使种子表面能均匀地形成一层药膜，可杀灭种子病菌或避免害虫危害。

浸种，一般是把种子或幼苗浸在一定浓度的药液里，经一定的时间使种子和幼苗吸收药液，以杀灭种子或种苗所带的病菌。

（三）土壤处理法

土壤处理法是把农药施到土壤表面或绿肥作物上，随后耕翻入土中，以杀死或抑制土壤中的害虫和病菌。土壤处理法是防治土传病害和地下害虫的主要方法。土壤处理法可在播种前处理，也可在生长期间施于植株基部附近的土壤。

（四）灌根法

将一定浓度的药液灌入蔬菜根区的一种施药方法。此法主要用于防治蔬菜根部病虫害，如瓜类枯萎病、地下害虫等。

（五）喷粉法

保护地蔬菜病害防治常用此法，不增加棚内湿度，减轻病害发生。喷粉或撒粉要求有专用的喷粉工具，喷布均匀、周到，使蔬菜或病虫的体表覆盖一层极薄的药粉，以达到抑制病菌生长和毒杀害虫的作用。

（六）熏蒸法

熏蒸法是利用药剂产生的有毒气体处理密闭空间或土壤等。熏蒸法只有采用熏蒸药剂，如烟剂或熏蒸剂，有密闭的空间才能实

蔬菜施药对与错

施,是防治保护地蔬菜病虫害及根结线虫的常用方法之一。

（七）涂抹法

将药液涂抹在蔬菜某一部位的施药方法,可涂至蔬菜茎秆处、花器部位,通过药剂内吸传导作用发挥杀虫、杀菌效果。

第五节
合理混配与轮换用药

一、合理混配

根据病虫害防治的需要,把两种或两种以上农药混合在一起施用,通常称为农药混合使用。农药的混合使用有两种方式:一是使用农药厂将多种农药和助剂、添加剂按一定比例和加工方法混合在一起加工成某种剂型,即直接加工成的农药混剂,有杀虫混剂、杀菌混剂、除草混剂、植物生长调节剂;二是在田间将有关农药根据标签说明或专家指导,按一定比例混合在一起立即施用,有些厂家专门将有关农药分别加工成适宜的剂型和剂量,以适用于这种混合使用形式,即现混现用。农药现混现用,坚持先试验的原则,混配时必须先将每种农药先稀释,然后按可湿性粉剂、胶悬剂、水剂、乳油的顺序逐次倒入容器中,并在前种农药溶解后再放入后一种农药。每次都要边倒边搅拌。科学合理地进行农药混配,可扩大防治范围,提高药效,减少防治次数,延缓害虫产生抗药性,节省劳动力和施药费用。

农药的混合使用不是随意的,必须根据农药的理化性质、毒性等按照一定的比例科学混合使用,应遵循以下原则:①农药混合以后,应有增效作用。②混合后不应发生不良的物理或化学变化,出现絮状物、分层、沉淀等现象的不能混合使用。③混合后无药害。④混合后毒性不增强。⑤混合后应达到扩大防治范围的目的。

二、轮换用药

如果在一个地区连续使用一种农药,就会很快使防治对象对该药剂产生抗药性,造成防治效果降低,会使这种农药丧失使用价值、缩短使用寿命、浪费农药资源。农药轮换使用是为了延缓有害生物对农药产生抗药性。轮换用药不是任意农药的轮换使用。首先应选择合适的农药品种。杀虫剂应选择作用机制不同或具有负交互抗性的农药品种进行轮换使用,如有机磷与拟除虫菊酯类杀虫剂轮换使用;杀菌剂应将内吸性杀菌剂和保护性杀菌剂轮换使用,或将不同杀菌机制的内吸杀菌剂进行轮换使用。不同种类农药轮换使用的间隔期应该是越长越好。如轮换使用间隔期还超不过有害生物生长存活一个世代,那么轮换使用效果则较差。这时需选择不同用药组合之间的轮换使用,而不能仅在两个单一品种之间进行轮换使用,这样可使间隔时期加长,达到轮换使用农药的目的。

第六节
策略施药

策略施药是从全年或一季蔬菜种植出发,全面综合考虑各种主次有害生物的控制,提高经济效益、生态效益和社会效益。策略用药的原则是:统筹兼顾,压前控后。

一、统筹兼顾

某种蔬菜病虫害的发生一般都不是单一的,往往是多种病虫害并存,因此在全年或者整季综合考虑病虫害的防治,达到既能控制当时的主要病虫害,又能兼顾次要病虫害,既能控治当代病虫的危害,又能抑制以后各代病虫发生的数量,或者为下一时期的防治打下一个良好的基础。要求各个时期的防治和全年整个防治是一个统一的有机体。其主要措施是明确主攻目标,发挥兼治作用。如番茄种植前采用种子处理、苗床土壤处理的施药方法,主要预防猝倒病、立枯病、早疫病、病毒病,可减轻后期早疫病、病毒病的防治压力;番茄花期防治主要是以灰霉病为主,以药剂蘸花防治,后期防治以早疫病、晚疫病、叶霉病、病毒病为主,采用田间喷雾方法。

二、压前控后

即压低前期发生基数,控制后期发生量。许多病虫害大流行之前,往往有点片发生期,这时如对局部小面积发生的病虫害进行挑治,压低基数,便可以控制或减少病虫害的发生和流行。如蚜虫、红蜘蛛等点片发生,局部危害时,就是防治的关键时期。此时只要搞好防治就能保住以后大面积的不防治或少防治。另外,如霜霉病、晚疫病等病害在大面积暴发流行之前点片发生期扑灭发病中心田地块以杜绝其重复侵染,对于控制以后的流行危害有积极的预防作用,达到治前期控后期的作用,收到事半功倍的效果。

为了达到压前控后的目的,还必须做好"三查三定"工作。"三查三定"即一查病虫和天敌的发生时期,定防治用药最佳适期;二查病虫的发生数量和自然界天敌的控制能力,按照防治指标定药剂防治的范围或田块;三查有益生物和并发有害生物的种类,按照"增效兼治、除害护益"的原则,选择最佳农药品种(配方)。"三查三定",是根据田间有益生物的消长情况和不同农药品种对不同有害生物以及天敌的不同影响和天敌对有害生物种群数量的影响,来决定防治区域和防治最佳农药配方及其施药方法。只要根据"预防为主,综合防治"的植保工作方针,搞好"三查三定",综合考虑各方面因素,便可使防治用药的品种(配方)、防治用药的时间、防治用药的剂量、药剂使用的范围、药剂的使用方法等,更加适合和准确。在农药应用方面选用这样的策略和方法,以达到降低农药用量、提高防治效果、缩小施药面积、减轻环境污染、保护利用天敌以及科学使用农药的目的。

第七节

安全施药

一、严格遵守国家及有关部门颁布的有关农药安全使用的法规

（一）有关法律

包括《中华人民共和国行政许可法》《中华人民共和国安全生产法》《中华人民共和国标准化法》《中华人民共和国产品质量法》《中华人民共和国广告法》《中华人民共和国环境保护法》《中华人民共和国计量法》《中华人民共和国农产品质量安全法》《中华人民共和国商标法》《中华人民共和国食品安全法》《中华人民共和国消防法》《中华人民共和国行政处罚法》《中华人民共和国行政复议法》《中华人民共和国行政诉讼法》《中华人民共和国国家赔偿法》《中华人民共和国民事诉讼法》《中华人民共和国刑法》《中华人民共和国专利法》等。

（二）有关法规

包括《农药管理条例》《中华人民共和国工业产品生产许可证管理条例》《危险化学品安全管理条例》《中华人民共和国行政复议法实施条例》等。

（三）有关规章

包括农业部《农药管理条例实施办法》、国家发展和改革委员会《农药生产管理办法》、国家工商行政管理局《农药广告审查标准》《农药广告审查办法》等。

（四）农药管理涉及的部门

包括农业行政管理部门、工业和信息化部门、质量技术监督管理部门、工商行政管理部门、环境保护部门、安全生产监督管理部门、公安部门、食品卫生监督管理部门、人民法院、人民检察院等。

（五）农药管理规定

农药管理规定包括农药登记制度、农药生产许可制度、农药质量安全管理制度、农药经营管理制度、农药使用管理制度、农药管理等其他规定。

二、禁用、限用高毒、高残留农药

目前为止，国家农业部规定的禁用、限用的农药品种有：

（一）国家明令禁止使用的农药（33 种）

六六六、滴滴涕、毒杀芬、二溴氯丙烷、杀虫脒、二溴乙烷、除草醚、艾氏剂、狄氏剂、汞制剂、砷类、铅类、敌枯双、氟乙酰胺、甘氟、毒鼠强、氟乙酸钠、毒鼠硅、甲胺磷、甲基对硫磷、对硫磷、久效磷、磷胺、苯线磷、地虫硫磷、甲基硫环磷、磷化钙、磷化镁、磷化锌、硫线磷、蝇毒磷、治螟磷、特丁硫磷。

自 2015 年 12 月 31 日起，禁止在国内销售和使用氯磺隆、甲磺隆、胺苯磺隆、福美胂和福美甲胂。

（二）在蔬菜、果树、茶叶、中草药材上不得使用和限制使用的农药

禁止甲拌磷、甲基异柳磷、内吸磷、克百威、涕灭威、灭线磷、硫环磷和氯唑磷在蔬菜、果树、茶叶和中草药材上使用；禁止氧乐果在甘蓝和柑橘树上使用；禁止三氯杀螨醇和氰戊菊酯在茶树上使用；禁止丁酰肼（比久）在花生上使用；禁止水胺硫磷在柑橘树上使用；禁止灭多威在柑橘树、苹果树、茶树和十字花科蔬菜上使用；禁止硫丹在苹果树和茶树上使用；禁止溴甲烷在草莓和黄瓜上使用；除卫生、玉米等部分旱田种子包衣剂外，禁止在其他地方使用含有氟虫腈成分的农药制剂。

自 2016 年 12 月 31 日起，禁止毒死蜱和三唑磷在蔬菜上使用。

三、预防非生产性中毒的措施

预防非生产性中毒的措施包括：首先，应该妥善保管农药，最好是专柜上锁，并涂写警示标志，其次，应当做好宣传警示工作，使儿童等易中毒对象了解农药对人体的毒害严重度。

四、农药使用中应采取的安全措施

农药使用中应采取的安全措施包括：①配药时应佩戴手套、口罩等防护用品。②施药时要穿着专业防护服，如无专业防护服，要穿着经防水、防油处理过的棉织物长衣、长裤，并尽量穿着胶鞋。③施药时应在上风处施药，几架药械同田、同时施药，应按梯形前进下风侧先行。④在七八月高温季节施药，应选在早、晚凉爽时间进行。⑤施药地块，人、畜莫入，最好设立警告标志。⑥农药包装、容器等不可乱扔，应回收或妥善处理。⑦施药人员应身体健康，且经过培训，老、幼、孕妇不可施药。

下 篇

蔬菜主要病虫害及防控措施

引起蔬菜发病的病原主要有真菌、细菌、病毒和线虫。本章主要介绍了蔬菜真菌病害、细菌病害、病毒病害以及根结线虫病的危害对象、危害症状与特点及防治方法。

第一章
蔬菜病害

蔬菜病害,是指蔬菜在生长、发育、储藏、运输的过程中,受病原物的侵染或受不良环境的影响,使其在生理功能、组织和形态受到干扰和破坏,导致蔬菜品质变劣,甚至局部或全株死亡,产量降低,从而使蔬菜的经济价值受到影响。

(一)蔬菜病害的症状

蔬菜感病后一切不正常的外部表现,称为症状。其中,蔬菜感病后自身所表现的异常状态,称为病状;病原物在蔬菜发病部位形成的结构(营养体或繁殖体)称为病症。两者统称为症状。

1. 病状类型　病状主要有以下 5 种类型:

(1)变色　蔬菜感病后局部或全部失去正常绿色或表现异常颜色,即叶绿素的合成受到抑制或破坏使其病部褪绿或黄化。常见的有褪绿、黄化、斑驳、条纹、条斑等。

(2)坏死　蔬菜感病后细胞或组织遭到破坏而死亡。坏死在叶片上表现为叶斑,常见有圆斑、角斑、条斑、轮斑等。幼苗近地面茎组织坏死,称为猝倒或立枯。还可形成疮痂、溃疡等类型。

(3)腐烂　蔬菜组织较大面积受到病原物的破坏和消解,而坏死则多少保持原有组织和细胞的轮廓,腐烂可分为干腐、湿腐、软腐。蔬菜的根、茎、叶、花、果都可发生腐烂。根据发生部位可分为根腐、基腐、茎腐、花腐、果腐等。

(4)萎蔫　蔬菜的根或茎的维管束组织受到病原物破坏而发生的供水不足所出现的萎蔫现象,是不能恢复的。这种萎蔫可分为生理性萎蔫和病理性萎蔫,在本章仅指病理性萎蔫,如黄萎、枯萎、青枯等。

(5)畸形　蔬菜感病后植株或部分组织细胞生长受阻或过度增长而造成的异常形态。蔬菜生长受到抑制,发育不良,可出现植株矮小、叶片皱缩等。蔬菜病变组织细胞受刺激,生长发育过快,病部膨大、形成肿瘤、丛枝、根瘤等。病部组织发育不平衡,可出现畸形、卷叶、蕨叶。

2. 病症类型　病症主要有以下 6 种类型：

(1)霉状物　病部形成各种毛绒状的霉层,其颜色、结构各有不同,如霜霉、灰霉、黑霉、青霉、绿霉等。

(2)粉状物　病部形成的白粉、黑粉、锈粉,对应的病害分别是白粉病、黑粉病、锈病。

(3)粒状物　病部产生大小、形状、颜色差异很大的粒状物,有如针尖大的黑色或褐色小颗粒,不易从寄主组织中分离,如真菌的分生孢子器、子囊壳、子囊座等,有的是较大的颗粒,如真菌的菌核、线虫的包囊等。

(4)菌核　菌核是某些真菌的休眠菌丝体。常和整株枯死或腐烂症状同时出现,易与病变组织剥离,如茄子菌核病。

(5)根状菌索　感病蔬菜的根部或块茎上及附近土壤表面产生白色或紫色的线条状物,即真菌的根状菌索。

(6)脓状物　在潮湿的条件下蔬菜病部产生脓状黏液即菌脓,干燥后形成胶粒或菌膜,这是细菌性病害特有的症状,如黄瓜角斑病。

(二)蔬菜病害分类

蔬菜病害可分两大类,第一类为侵染性病害,即由病原物引起的蔬菜病害,这类病害有发病中心,可在蔬菜植株间相互传播;第二类为非侵染性病害,是由非生物因素即在不适宜的环境条件下引起的蔬菜病害,同一时间,大面积发生,无发病中心,如高温引起的日灼病,缺钙引起的脐腐病等,这类病害没有病原物的侵染,不能在蔬菜植株间传播。本章仅列出侵染性病害,也称为传染性病害。引起蔬菜发病的病原物主要有真菌、细菌、病毒、线虫等。

1. 真菌　真菌是一类不含叶绿素的异养生物,营养体通常为丝状,称为菌丝体。真菌侵入寄主体内后,以菌丝体在寄主细胞间或寄主细胞内吸收营养物质。真菌种类多,分布广,是蔬菜重要的病原物。真菌引起的病害约占植物病害的 70% ~80%,一种蔬菜上可发现几种或几十种真菌病害。蔬菜上许多病害如灰霉病、霜霉病、白粉病、炭疽病、锈病等都是由真菌引起的,在潮湿条件下可产出霉状物、粉状物。

2. 细菌　细菌是一类有细胞壁但无固定细胞核的单细胞生物。细菌种类很多,可通过自然孔口(皮孔、气孔、水孔等)和伤口侵入,借流水、雨水、昆虫等传播,在病残体、种子、土壤中越冬,在高温高湿下易发病,症状表现萎蔫、腐烂,如番茄青枯病、溃疡病等。潮湿时病部可溢出菌脓,细菌引起的病害无霉状物,而真菌有霉状物。

3. 病毒　病毒是一种结构简单,由核酸构成的核心与蛋白质外壳组成,极少数含有脂肪和非核酸的碳水化合物。病毒必须在寄主细胞内营寄生生活,专化性强。除花粉传毒外,蔬菜病毒必须通过寄主的伤口侵入,如枝叶间相互摩擦,农事操作中造成的机械伤口,或传毒介体昆虫如蚜虫、叶蝉、飞虱刺吸传毒。在各种蔬菜均可发生,尤以露地发生普遍程度重,表现为叶片花叶、卷叶、蕨叶、条斑,如番茄病毒病、瓜类花叶病毒病等。

4. 线虫　线虫是一种低等动物。在蔬菜中的葫芦科、茄科和十字花科都有线虫的危害。大多数危害蔬菜地下部分,如根、块茎。因线虫刺吸对寄主细胞刺激而造成根部畸形肿大、结瘤、坏死、根粗短、丛生,使蔬菜生长迟缓,植株矮小、萎蔫。

(三)蔬菜病害防控措施

蔬菜病害的防控措施有农业防治、物理防治、生物防治、化学防治。

1. 农业防治　在认识和掌握病害、蔬菜、环境三者关系的基础上,协调农业生态系统中的各种因素,即结合农事操作过程中各种具体措施,避免或减轻病害的方法。农业防治措施要达到两个目的:即创造有利于蔬菜生长的适宜环境条件,提高蔬菜的抗病性;创造不利于病原物生长、发育、繁殖和传播的环境条件,使病原物不能完成其侵染循环,或者中断其侵染循环,抑制病害的发生和蔓延。农业防治方法有选用抗病品种、培育无病壮苗、轮作、肥水管理、清洁田园、调整播期等。

2. 物理防治　即利用各种物理因素、机械设备及现代化工具防治病害,如温度利用、机械汰除。如温汤浸种,即将种子放入一定温度的水中,保持一定的时间,达到杀灭种子表面或内部病原物的目的,同时种子正常生理功能不受影响,浸种时间长短和水温,主要是根据蔬菜种子的大小和病害的种类来决定。又如大棚夏季密闭高温消毒土壤。

3. 生物防治　利用有益生物及生物代谢产物防治蔬菜病害的方法,如用链霉素防治软腐病;用厚孢轮枝菌、淡紫拟青霉防治线虫病。

4. 化学防治　就是使用化学药剂控制蔬菜病害的方法,是最广泛采用的防治方法。防治药剂分为保护性杀菌剂、治疗性杀菌剂等。蔬菜发病之前喷洒保护性杀菌剂防止病菌侵染。蔬菜感病后喷洒治疗性杀菌剂,能阻止病害发生蔓延。化学防治主要包括药剂拌种、浸种、土壤处理、灌根、喷雾、喷粉、熏烟等。

第一节

真菌病害

一、霜霉病

(一)危害对象

霜霉病是十字花科蔬菜的重要病害之一,其主要危害白菜、油菜、花椰菜、甘蓝、萝卜等蔬菜,还可危害瓜类(黄瓜、丝瓜、西葫芦、冬瓜、苦瓜、蛇瓜)、葱蒜类、菠菜、莴苣等蔬菜。

(二)危害症状与特点

1. 白菜霜霉病　各生育期均有危害,主要危害叶片。幼苗受害,子叶发病,叶背出现白霉层,正面无明显症状,严重时幼苗枯死。成株期发病,叶正面出现灰白色、淡黄色或黄绿色边缘不明显的病斑,后扩大为黄褐色病斑,受叶脉限制而呈多角形或不规则形,叶背密生白色霉层(图1)。在发病盛期,发生严重时数个病斑相互连接形成不规则的枯黄叶斑,使病叶局部或整叶枯死。

2. 上海青霜霉病 该病在苗期、成株期均可发生,叶片初现边缘不明晰的褪绿斑点,扩大后受叶脉限制则现黄褐色多角形斑,病斑背面长出疏密不等的白霉,严重时病斑融合,叶片变黄干枯,不能食用。留种株的茎顶及花梗染病,多肥肿畸形,似"龙头拐"。种荚染病也致不同程度变形,结实不良。茎、花梗及荚果染病,表面湿度大时生白色霉状物。

3. 萝卜霜霉病 苗期至采种期均可发病,从植株下部向上扩展,叶面初现不规则褪绿黄斑,后渐扩大为多角形黄褐色病斑,湿度大时,叶背或叶两面长出白霉,严重的病斑连片致叶片变黄干枯。茎部染病,出现黑褐色不规则状斑点。种株染病,种荚多受害,病部呈淡褐色不规则斑,上生白色霉状物。

4. 黄瓜霜霉病 苗期、成株期均可发病。主要危害叶片,子叶被害初呈褪绿色黄斑,扩大后变黄褐色;真叶染病,叶缘或叶背面出现水浸状病斑,早晨尤为明显,病斑逐渐扩大,受叶脉限制,呈多角形淡褐色或黄褐色斑块,湿度大时叶背面或叶正面长出灰黑色霉层(图2、图3),后期病斑破裂或连片,致叶缘卷缩干枯,严重的田块一片枯黄。该病症状的表现与品种抗病性有关,感病品种病斑大,易连成大块黄斑后迅速干枯;抗病品种病斑小,褪绿斑持续时间长,在叶面形成圆形或多角形黄褐色斑,扩展速度慢,病斑背面霉稀疏或很少。

5. 莜麦菜(莴苣)霜霉病 幼苗、成株均可发病,以成株受害重,主要危害叶片。病叶由植株下部向上蔓延,最初叶上生淡黄色近圆形或多角形病斑,病斑受叶脉限制,直径5~20毫米,潮湿时,叶背病斑长出白霉,有时蔓延到叶片正面,后期病斑枯死变为黄褐色并连接成片,致全叶干枯(图4、图5)。天气干旱时病叶枯死,潮湿时病叶腐烂。

6. 菠菜霜霉病 主要危害叶片。叶片染病,病斑初呈淡绿色小点,边缘不明显,扩大后呈不规则形,大小不一,直径3~17毫米,叶片背面病斑上产生灰白色霉层,后变灰紫色,病斑从外部叶片逐渐向内部叶片发展,从植株下部向上扩展,干旱时病叶枯黄,湿度大时多腐烂,严重的整株叶片变黄枯死,有的菜株呈萎缩状。

(三)有效药剂

霜霉病的防治有效药剂可分为以下几类:①取代苯类,如百菌清。②硫代氨基甲酸酯类,如福美双。③甲氧基丙烯酸酯类,如嘧菌酯。④氨基甲酸酯类,如霜霉威盐酸盐。⑤复配杀菌剂,如甲霜灵·代森锰锌、噁霜灵·代森锰锌、氟吗啉·代森锰锌、烯酰吗啉·代森锰锌、霜脲氰·代森锰锌、丙森锌·缬霉威、氟吡菌胺·霜霉威。

(四)防治方法

1. 农业防治

(1)选用抗(耐)病品种

(2)轮作 实行 2～3 年轮作,可与豆科、百合科、茄科蔬菜轮作。

(3)清洁田园 及时摘除病叶及植株底部枯、黄、老叶;前茬收获后,彻底清除残茬、残蔓及残叶,带出田外集中深埋或烧毁,减少残留在田中的病源。

(4)加强田间管理 科学肥水管理,加强栽培管理,合理密植,注意排水,降低田间湿度;开展配方施肥,培育壮苗、壮株,提高植株抗病能力。浇足定植水后 7 天左右不浇水,缓苗至花期控制浇水次数。

2. 物理防治 高温闷棚,防治黄瓜霜霉病可用此方法。选择晴天上午进行,为防止黄瓜受害,可在闷棚前 1～2 天浇 1 次水,并将温度计校正准确,悬挂在与生长点平行位置,在棚内南北各挂一支温度计。闷棚开始,封闭所有通风口,使室内温度上升到 40℃时,再缓缓上升到 45℃,稳定维持 2 小时后,再由小到大缓慢放风,降温至 28～30℃时,进入正常管理。温度低于 42℃防病效果不良,高于 47℃可致黄瓜生长点灼伤。闷棚后加强肥水管理,保持长势良好。

3. 化学防治

(1)药剂拌种 防治黄瓜霜霉病可用 70% 甲基硫菌灵可湿性粉剂 +50% 福美双可湿性粉剂,按 1∶1 混合,用药量为种子重量的

0.3%拌种。防治白菜霜霉病可进行种子处理,可用温水浸种 2 小时,再用 72.2%霜霉威盐酸盐水剂 500 倍液浸种 1 小时;或用 53%甲霜灵·代森锰锌水分散粒剂,或用 3.5%咯菌腈·精甲霜灵悬浮种衣剂按种子重量的 0.3%拌种。

(2)生长期防治　本病流行性强,蔓延迅速,必须在病害发生前或中心病株刚出现时开始喷药。莴苣霜霉病的防治适期为发病始见后 7~10 天或田间病株率 5%~8%,进入生长盛期至采收中后期的各类型大田。

1)熏烟法或喷粉法　保护地棚室可选用熏烟法或喷粉法。①熏烟法。在发病初期每亩用 45%百菌清烟剂 200~250 克,分放在棚内 4~5 处,用香或卷烟等暗火点燃,发烟时闭棚,熏一夜,翌晨通风,隔 7 天熏 1 次,可单独使用,也可与喷粉法、喷雾法交替使用。②喷粉法。于发病初期傍晚用喷粉器喷撒 5%百菌清粉尘剂,每次每亩 1 千克,隔 9~11 天喷撒 1 次。

2)喷雾法　在发病前喷洒 25%嘧菌酯悬浮剂 1 000~1 500 倍液,或 75%百菌清可湿性粉剂 600~800 倍液。发现霜霉病中心病株后开始喷洒 58%甲霜灵·代森锰锌可湿性粉剂 400 倍液,或 64%噁霜灵·代森锰锌可湿性粉剂 400 倍液,或 72.2%霜霉威盐酸盐水剂 600~800 倍液,或 60%氟吗啉·代森锰锌可湿性粉剂 500~700 倍液,或 69%烯酰吗啉·代森锰锌水分散粒剂 600~800 倍液,或 72%霜脲氰·代森锰锌可湿性粉剂 600~800 倍液,或 66.8%丙森锌·缬霉威可湿性粉剂 500~700 倍液,或 68.75%氟吡菌胺·霜霉威悬浮剂 600~800 倍液,隔 7~10 天喷 1 次,连喷 2~3 次。喷雾应均匀、周到,叶片正面和背面都要喷洒,重点喷洒叶片背面。

(五)专家告诫

1. 50%福美双可湿性粉剂　作为种子处理剂一般比较安全,但在温室里用于黄瓜浓度稍高会引起枯斑。豆类对其敏感,喷施可出现叶片焦枯等药害症状(图6)。

在黄瓜上安全间隔期 4 天,每个生长季最多用 3 次,拌种和土壤处理每季最多使用一次,不能与含铅、铜的制剂及碱性农药混合使用,冬瓜幼苗对其敏感,应避免药液飘移至此,建议与其他作用机制不同的杀菌剂轮换使用,以延缓其抗药性产生。

2. 百菌清 45%百菌清烟剂防治黄瓜霜霉病每个生长季不超过 4 次,安全间隔期 3 天,适用于大棚温室。75%百菌清可湿性粉剂在番茄上每个生长季最多用 3 次,安全间隔期 7 天。不能与碱性农药混合使用,保护地蔬菜使用浓度不超过 600 倍液,以免发生药害,安全间隔期一般 7 天。

3. 25%嘧菌酯悬浮剂 防治黄瓜霜霉病每个生长季不超过 4 次,安全间隔期 1 天。

4. 58%甲霜灵·代森锰锌可湿性粉剂 防治黄瓜霜霉病每个生长季不超过 3 次,安全间隔期 1 天。

5. 64%噁霜灵·代森锰锌可湿性粉剂 防治黄瓜霜霉病每个生长季不超过 3 次,安全间隔期 3 天。

6. 72.2%霜霉威盐酸盐水剂 防治黄瓜霜霉病每个生长季不超过 3 次,可与其他不同类型杀菌剂交替使用。

7. 60%氟吗啉·代森锰锌可湿性粉剂 防治黄瓜霜霉病每个生长季不超过 3 次,安全间隔期 3 天,不可与铜制剂、碱性农药混合使用。

8. 69%烯酰吗啉·代森锰锌水分散粒剂 当黄瓜、辣椒、十字花科蔬菜幼苗期用低量,每个生长季不超过 4 次,注意与其他不同作用机制的杀菌剂交替使用。

9. 72%霜脲氰·代森锰锌可湿性粉剂 防治黄瓜霜霉病每个生长季施用不超过 3 次,安全间隔期 2 天,不能与铜制剂(如氢氧化铜)、碱性农药混合使用。

10. 66.8%丙森锌·缬霉威可湿性粉剂 在黄瓜上安全间隔期 3 天,每个生长季不超过 3 次;不能与碱性农药或铜制剂混合使用。如需与此类药剂轮换使用,间隔期应在 7 天以上。

11. 68.75%氟吡菌胺·霜霉威悬浮剂 在黄瓜、番茄上安全间隔期 3 天,每个生长季最多施药 3~4 次;不可与强碱性农药混合使用,建议与不同作用机制的杀菌剂轮换使用。

二、疫病

（一）危害对象

危害茄果类如辣椒、番茄，瓜类如黄瓜、丝瓜、冬瓜、西葫芦，葱蒜类如葱、韭菜等多种蔬菜。

（二）危害症状与特点

1. 辣椒疫病　苗期、成株期均可受害，茎、叶和果实都能发病（图7）。

（1）苗期发病　茎基部呈暗绿色水浸状软腐或猝倒，有的茎基部呈褐色，幼苗枯萎而死。

（2）叶片染病　初为水浸状，后扩大为暗绿色圆形或近圆形病斑，直径 20～30 毫米，边缘黄绿色，中央暗褐色，湿度大时病部有稀疏白色菌丝体，病斑干后变为淡褐色，叶片软腐脱落。

（3）果实染病　始于蒂部，初生暗绿色水浸状斑，迅速变褐软腐，湿度大时表面长出白色霉层，干燥后形成暗色僵果，残留在枝上。

（4）茎部发病　多在茎基部和枝杈处，病斑初为水浸状，后出现环绕表皮扩展的褐色或黑褐色条斑，引起皮层腐烂，病部以上枝叶迅速凋萎。各个部位的病部后期都能长出稀薄的白霉。病部明显缢缩，从病部折倒。本病主要危害成株，植株急速凋萎死亡，成为毁灭性病害。

2. 番茄晚疫病　主要危害幼苗、叶片、茎和果实，以叶片和青果发病重。幼苗期染病，叶片初呈水浸状暗绿色，叶柄处腐烂，病斑由叶片向主茎蔓延，使茎变细并呈黑褐色，引起全株萎蔫或折倒，湿度大时病部表面产生稀疏白色霉层。成株期多从植株下部叶片叶尖或叶缘开始发病，初为暗绿色水浸状病斑，扩大后转为褐色，湿度大时病斑叶背病健部交界处长白色霉层。茎和叶柄上病斑呈水浸状黑褐色腐败状，使植株萎蔫。青果发病在近果柄处产生油浸状暗绿色云纹状不规则病斑，后变成暗褐色至棕褐色，稍凹陷，边缘明显，云纹不规则，果实坚硬，湿度大时病部有少量白霉。

3. 黄瓜疫病　苗期至成株期均可染病,保护地栽培主要危害茎基部、叶及果实。幼苗染病多始于嫩尖,初呈暗绿色水渍状萎蔫,逐渐干枯呈秃尖状,不倒伏。成株发病,主要在茎基部或嫩茎节部,出现暗绿色水渍状斑,后变软,显著缢缩,病部以上叶片萎蔫或全株枯死;同株上往往有几处节部受害,维管束不变色;叶片染病产生圆形或不规则形水浸状大病斑,直径可达 25 毫米,边缘不明显,扩展迅速,干燥时呈青白色,易破裂,病斑扩展到叶柄时,叶片下垂。瓜条或其他任何部位染病,开始初为水浸状暗绿色,逐渐缢缩凹陷,潮湿时表面长出稀疏白霉,迅速腐烂,发出腥臭气味。

4. 韭菜疫病　根、茎、叶、花薹等部位均可被害,尤以假茎和鳞茎受害重。叶片及花薹染病,多始于中下部,初呈暗绿色水浸状,长 5～50 毫米,有时扩展到叶片或花薹一半,病部失水后明显缢缩,引起叶、薹下垂腐烂,湿度大时,病部产生稀疏白霉;假茎受害呈水渍状浅褐色软腐,叶鞘易脱落,湿度大时,其上也长出白色稀疏霉层。鳞茎被害,根盘部呈水浸状,浅褐至暗褐色腐烂,纵切鳞茎内部组织呈浅褐色,影响植株的养分储存,生长受抑,新生叶片纤弱;根部染病变褐腐烂,根毛明显减少,影响水分吸收,致根寿命大为缩短。

（三）有效药剂

疫病的防治有效药剂可分为以下几类:①有机磷类,如甲基立枯磷。②硫代氨基甲酸酯类,如代森锰锌。③取代苯类,如百菌清。④氨基甲酸酯类,如霜霉威盐酸盐。⑤酰胺类,如烯酰吗啉。⑥复配杀菌剂,如甲霜灵·代森锰锌、噁霜灵·代森锰锌、乙膦铝·代森锰锌、琥胶肥酸铜·乙膦铝、霜脲氰·代森锰锌。

（四）防治方法

1. 农业防治

（1）选用抗病品种　选择抗病品种种植,或采用砧木嫁接。

（2）轮作　严格实行轮作,辣椒切忌与茄科连作,最好能与禾本科作物轮作,轮作时间在 3 年以上。

（3）清洁田园　前茬作物收获后及时清洁田园,耕翻土地,可减少土壤中病菌数量,要彻底清除和集中烧毁病残体,减少病源。

(4)采用地膜覆盖、高垄栽培 早春地膜覆盖栽培可提高地温,促进幼苗前期生长健壮,提高植株抗病能力,高垄栽培可避免根系部位积水而引发疫病。

(5)加强田间管理 合理密植,通过改善田间通风透光条件和降低田间湿度来阻止病害的侵染;注意排水,大雨过后,及时排除积水,高温干旱,小水浇灌。

2. 化学防治

(1)种子处理 辣椒用20%甲基立枯磷乳油1 000倍液浸种12小时,再用水浸泡2小时,冲洗干净后催芽播种;或清水浸种8~10小时后用1%硫酸铜溶液浸种5分,捞出拌少量草木灰播种。

(2)苗床药剂处理 每平方米用58%甲霜灵·代森锰锌可湿性粉剂或70%代森锰锌可湿性粉剂8~10克与细土4~5千克混拌均匀,在苗床浇足底水的前提下,先取1/3毒土撒床面上,播种后再将2/3毒土覆上。

(3)灌根或喷雾法 前期掌握在发病前,喷洒植株茎基和地表,防止初侵染;进入生长中后期以喷雾为主,防止再侵染;田间发现中心病株后,须抓准时机,喷洒与浇灌并举。辣椒疫病的防治适期在发病见后3~5天或田间病株率3%,进入生长盛期的各型大田。番茄晚疫病防治适期为发现中心病株后10~15天(视天气情况等而定,如低温、阴雨、湿度高、早晚多雾露,则易发病)。

1)喷洒和浇灌 可用58%甲霜灵·代森锰锌可湿性粉剂400~500倍液,或64%噁霜灵·代森锰锌可湿性粉剂500倍液,或70%乙膦铝·代森锰锌可湿性粉剂500倍液,或72.2%霜霉威盐酸盐水剂600~800倍液,或50%烯酰吗啉可湿性粉剂1 000倍液,或50%琥胶肥酸铜·乙膦铝可湿性粉剂500倍液,或72%霜脲氰·代森锰锌可湿性粉剂600倍液,一般每隔7~10天喷1次,连喷3~4次,喷后6小时遇雨须补喷。注意在发病期如遇雨,或有大雾、重露天气,以及浇水后,应及时喷1次药,防止病情加重。

2)结合施药灌水 用98%硫酸铜每次每亩施药1~1.5千克,撒施田间或水口处,随水流入田间,防病效果较好。

（4）熏烟法或粉尘法　棚室栽培阴天可以用45%百菌清烟剂，每次每亩250克，或5%百菌清粉尘剂，每次每亩1千克，进行防治。

（五）专家告诫

1.20%甲基立枯磷乳油　安全间隔期10天，该药不能和碱性农药混合使用，按推荐剂量使用，浓度过大会抑制发芽及植物生长。

2.50%烯酰吗啉可湿性粉剂　每个生长季最多用3次，安全间隔期2天。

3.70%乙膦铝·代森锰锌可湿性粉剂　在黄瓜上安全间隔期15天，每个生长季最多用3次；不可与强酸、铜制剂及碱性农药混合使用，在喷过铜制剂、汞制剂及碱性农药后间隔1周才能喷此药。喷药时先配母液，再稀释。

4.50%琥胶肥酸铜·乙膦铝可湿性粉剂　每个生长季最多用3次，安全间隔期4天；与作用机制不同的杀菌剂轮换使用，选择晴朗天气施药，要避免中午高温情况下施用，施药后遇雨应补药。不可与强酸性及碱性农药混合使用，蔬菜苗期慎用。

5. 敏感药　如乙膦铝在白菜、黄瓜上施用浓度过高会产生药害。

三、绵疫病

（一）危害对象

主要危害茄果类蔬菜，如茄子、番茄等。

（二）危害症状与特点

1. 茄子绵疫病　主要危害果实、叶、茎、花器等部位，近地面果实先发病，受害果初现水浸状圆形斑点，稍凹陷，果肉变黑褐色腐烂，易脱落，湿度大时，病部表面长出茂密的白色棉絮状菌丝，迅速扩展，病果落地很快腐败（图8）；茎部染病初呈水浸状，后变暗绿色或紫褐色，病部缢缩，其上部枝叶萎垂，湿度大时上生稀疏白霉；叶片被害，呈不规则或近圆形水浸状淡褐色至褐色病斑，有较明显的轮纹，潮湿时病斑上生稀疏白霉；幼苗被害引起猝倒。

2. 番茄绵疫病　又称褐色腐败病、番茄掉蛋。主要危害未成熟的果实。首先在近果顶或果肩部现出表面光滑的淡褐色斑,有时长有少许白霉,后逐渐形成同心轮纹状斑,渐变为深褐色,皮下果肉也变褐。湿度大时,病部长出白色霉状物,病果多保持原状,不软化,易脱落。叶片染病,其上长出水浸状大型褪绿斑,慢慢腐烂,有的可见同心轮纹。

(三)有效药剂

绵疫病的防治有效药剂可分为以下几类:①取代苯类,如百菌清、敌磺钠、甲基硫菌灵。②硫代氨基甲酸酯类,如代森锌、代森锰锌。③有机磷类,如乙膦铝。④氨基甲酸酯类,如霜霉威盐酸盐。⑤甲氧基丙烯酸酯类,如烯肟菌酯、嘧菌酯。⑥复配杀菌剂,如甲霜灵·代森锰锌、丙森锌·异丙菌胺、烯酰吗啉·代森锰锌、乙膦铝·代森锰锌、霜脲氰·代森锰锌。

(四)防治方法

1. 农业防治

(1)选用抗病品种

(2)轮作　与非茄果类蔬菜轮作3~4年。

(3)加强田间管理　选择容易排水的地块种植,冬季深翻土地,施足底肥,及时追肥,增施磷、钾肥,避免偏施氮肥;采用高垄栽培,南北行向,做到易排易灌;合理密植,及时打去脚叶使田间通风。

(4)清洁田园　及时清理烂果、病叶,收获后收集病株残体烧毁或深埋。

(5)采用地膜覆盖栽培　避免病原菌通过灌溉水或雨水反溅到植株下部叶片或果实上。

2. 物理防治　55℃的温水浸种15分或50℃的温水浸种30分。

3. 化学防治

(1)种子消毒　福尔马林300倍液浸种15分,用清水洗净后播种。

(2)生长期防治　茄子绵疫病的防治适期在进入生长盛期的各类型大田,田间病株率5%~10%。幼苗期选用75%百菌清可湿性粉剂600倍液,或40%乙膦铝可湿性粉剂200倍液,或65%代森锌可湿性粉剂 500 倍液。7 天左右喷 1 次,连续 2~3 次。在定植时,用 70% 甲基硫菌灵可湿性粉剂,或 75% 敌磺钠可溶性粉剂 1:100 配成药土,穴施或沟施药土每亩 75~100 千克。发病初期喷药,常用农药有 58% 甲霜灵·代森锰锌可湿性粉剂 400~500 倍液,或 72.2% 霜霉威盐酸盐水剂 700~800 倍液,或 66.8% 丙森锌·异丙菌胺可湿性粉剂 700 倍液,或 25% 烯肟菌酯乳油 900 倍液,或 25% 嘧菌酯悬浮剂 800 倍液,或 69% 烯酰吗啉·代森锰锌水分散粒剂 900 倍液,或 70% 乙膦铝·代森锰锌可湿性粉剂 500 倍液,或 72% 霜脲氰·代森锰锌可湿性粉剂 800 倍液,每隔 7 天喷 1 次,连续 2~3 次。靠近地面的部位要重点喷药,保护果穗,适当喷洒地面。

(五)专家告诫

1.65% 代森锌可湿性粉剂 葫芦科蔬菜对锌敏感,用药时要严格掌握浓度,不能过大。高温、干旱期、大棚内及敏感品种应适当增加对水量。不能与铜制剂或碱性农药混合使用,在喷过铜制剂或碱性农药后要间隔 1 周才能喷药。安全间隔期 15 天。

2.80% 代森锰锌可湿性粉剂 在番茄上的安全间隔期 15 天,每个生长季最多用 3 次。不宜与铜制剂及强碱性农药等混合使用,在喷过铜制剂、碱性农药后要间隔 1 周才能喷施。建议与其他作用机制的杀菌剂交替使用,以延缓抗性产生。

3.40% 乙膦铝可湿性粉剂 在黄瓜、白菜上施药,要适当降低使用浓度,否则会发生药害。不能与酸性、碱性农药混合使用,以免分解失效。连续长期使用易产生抗药性,可与代森锰锌、甲霜灵等混合使用。

4.70% 甲基硫菌灵可湿性粉剂 可与石硫合剂等碱性农药混合使用,但不能与铜制剂混合使用或前后紧接使用,也不能长期单独使用。应与其他杀菌剂轮换使用或混合使用。安全间隔期 14 天。

5.75% 敌磺钠可溶性粉剂 安全间隔期 10 天,每个生长季最多用 5 次。

6.25% 烯肟菌酯乳油 安全间隔期 3 天,与现有的杀菌剂无交互抗性。

7.58%甲霜灵·代森锰锌可湿性粉剂　安全间隔期3天,应用其他杀菌剂交替使用,但不能与其他杀菌剂混合使用。

四、绵腐病

(一)危害对象

可危害冬瓜、丝瓜、番茄等蔬菜。

(二)危害症状与特点

1. 冬瓜绵腐病　苗期发病,引起瓜苗猝倒;病苗茎基部缢缩变软、折倒;成株期发生多引起"果腐"或"绵腐",病部变褐、变软,表面覆盖白色绵毛,潮湿时外观为湿水棉花状,故称"绵腐"。

2. 番茄绵腐病　主要侵害果实。苗期染病引起猝倒。生长期,果实染病生水浸状黄褐色或褐色大斑,致整个果实腐烂,被害果外表有不变色,有时果皮破裂。其上密生大量白色霉层(图9)。

(三)有效药剂

绵腐病的防治有效药剂可分类以下几类:①氨基甲酸酯类,如霜霉威盐酸盐。②复配杀菌剂,如春雷霉素·氧氯化铜、烯酰吗啉·代森锰锌、霜脲氰·代森锰锌。

(四)防治方法

1. 农业防治

(1)清洁田园　及时收集病苗和病果带出田外烧毁。

(2)加强田间管理　避免苗床浇水过度,成株注意清沟排渍,降低田间湿度。

2. 化学防治　常发于苗期及成株幼果期及早喷淋72.2%霜霉威盐酸盐水剂600倍液,或47%春雷霉素·氧氯化铜可湿性粉剂800~1 000倍液,或69%烯酰吗啉·代森锰锌水分散粒剂1 000倍液,或72%霜脲氰·代森锰锌可湿性粉剂800倍液,隔7~10天1次,连续防治2~3次,采果前7天停止施药。

(五)专家告诫

春雷霉素·氧氯化铜在番茄、黄瓜、西瓜、辣椒上的安全间隔期1天,洋葱5天,甘蓝、丝瓜、苦瓜、莴苣7天,花椰菜21天;不能施用在白菜和莲藕上,易发生药害;黄瓜幼苗期和高温时期施用易产生药害;不能与春雷霉素、铜制剂和强碱性农药混合使用。

五、猝倒病

(一)危害对象

可危害瓜类、茄果类、豆科、十字花科等蔬菜。

(二)危害症状与特点

1. 黄瓜猝倒病　苗期露出土表的胚芽基部或中部呈水浸状,后变成黄褐色干枯缩为线状,往往子叶尚未凋萎,幼苗突然猝倒,致幼苗贴伏地面,有时瓜苗出土胚轴和子叶已普遍腐烂,变褐枯死。湿度大时,病株附近长出白色棉絮状菌丝。

2. 茄果类猝倒病　幼苗出土后,幼茎基部发生水浸状暗斑,自下而上扩展,病部组织腐烂干枯而凹陷,逐渐缢缩呈细线状,致使幼苗地上部因失去支撑力而倒伏地面(图10)。湿度大时,在病苗及其附近地面上常密生白色棉絮状菌丝。发病初期,苗床上只有少数幼苗发病,几天后,以此为中心逐渐向外扩展蔓延,最后引起幼苗成片倒伏死亡。发病严重时,常在幼苗未出土时烂种、烂芽。

3. 豆科蔬菜猝倒病　主要侵染幼苗的茎基部,近地表的幼茎发病初现水渍状条斑,后病部变软缢缩,呈黑褐色,病苗很快倒折、枯死。根染病初现不规则褐斑,严重的引起根腐,地上部茎叶萎蔫或黄化。

(三)有效药剂

猝倒病的防治有效药剂可分为以下几类:①硫代氨基甲酸酯类,如福美双、代森锌、代森锰锌。②苯并咪唑类,如多菌灵。③苯基酰胺类,如甲霜灵。④氨基甲酸酯类,如霜霉威盐酸盐。⑤噁唑类,如噁霉灵。⑥复配杀菌剂,如甲霜灵·代森锰锌。

(四)防治方法

1. 农业防治　加强苗床管理:苗床要选择背风向阳、地势高燥、排水良好的地块。床土不能使用种过辣椒等茄果类和瓜类的土壤;育苗肥要充分发酵腐熟,早春育苗要采用电热温床和加温温室床架等方法,保持有一个良好的幼苗生长条件,培育出较抗病的壮苗;种子要经过浸种催芽,缩短种子在土壤中的时间,选择有连续晴天的日子播种,苗床土壤温度要求保持在 16℃ 以上,气温保持在 20 ~ 30℃。播种时要适当稀播,出齐苗以后,要适当通风,防止苗床湿度大。经常保持育苗设备透光良好,增加光照,促进秧苗健壮生长,提高抗侵染能力;发现病苗要及时挖出,并在原位置撒一些生石灰。做好苗床松土工作,降低土壤水分。

2. 物理防治　瓜类、茄科类蔬菜可进行温汤浸种。温汤浸种既可杀死种子上携带的病菌,又可起到催芽的作用。将种子置于 55℃ 水中,搅动 15 分,待水温降至 30℃ 后,停止搅拌,再浸泡 6 ~ 8 小时,将经浸泡处理的种子用湿布包好,然后置于 28 ~ 30℃ 环境条件下催芽。

3. 化学防治

(1)种子处理　可用 50% 福美双可湿性粉剂 300 倍液或 50% 多菌灵可湿性粉剂 800 倍液,或用 25% 甲霜灵可湿性粉剂 1 500 倍液和 65% 代森锌可湿性粉剂 1 500 倍液按 3∶1 混合浸种。

(2)苗床土消毒　每平方米苗床施用 40% 拌种灵·福美双可湿性粉剂 7 克,或 25% 甲霜灵可湿性粉剂 9 克 +70% 代森锰锌可湿性粉剂 1 克对细土 4 ~ 5 千克拌匀,施药前先把苗床底水打好,且一次浇透,一般 17 ~ 20 厘米深,水渗下后,取 1/3 充分拌匀的药土撒在畦面上,播种后再把其余 2/3 药土覆盖在种子上面,即上覆下垫。如覆土厚度不够可补撒使其达到适宜厚度,这样种子夹在药土中间,防效明显。

(3)生长期防治　发病初期用 72.2% 霜霉威盐酸盐水剂 400 倍液,或 15% 噁霉灵水剂 1 000 倍液,或 58% 甲霜灵·代森锰锌湿性粉剂 500 倍液,每隔 7 ~ 10 天喷 1 次,连续 2 ~ 3 次。药剂喷洒要在晴天中午进行,药液不要喷得过多以免出现高湿,反而造成病害。喷药后,可撒干土或草木灰降低苗床土层湿度。

(五)专家告诫

1. 50% 多菌灵可湿性粉剂　安全间隔期 20 天,不能与强碱性农药或铜制剂混合使用,不能与硫菌灵、苯菌灵、甲基硫菌灵等同类药剂轮换使用。

2.25%甲霜灵可湿性粉剂 安全间隔期1天,长期单一使用该药易使病菌产生抗性。

3.15%噁霉灵水剂 噁霉灵不适合叶面喷雾;用于拌种时,宜干拌,湿拌和闷种时易出现药害。严格控制用药量,以防抑制蔬菜生长。

(1)药害症状 可引起小苗生长点生长停滞,叶片皱缩,似病毒病(图11)。

(2)解救方法 出现药害时可叶面喷施细胞分裂素+甲壳素;用生根剂灌根,促进根系发育,让小苗尽快恢复。

六、灰霉病

(一)危害对象

危害多种蔬菜,如番茄、辣椒、黄瓜、西葫芦、韭菜、菜豆、莴苣、芹菜等。

(二)危害症状与特点

1. 番茄灰霉病 苗期、成株期均可发病,危害叶、茎、花序和果实。苗期染病,子叶先端变黄后扩展至幼茎,产生褐色至暗褐色病变,病部缢缩,折断或直立,湿度大时病部表面生浓密的灰色霉层。真叶染病,产生水渍状白色不规则形的病斑,后呈灰褐色水渍状腐烂。幼茎染病亦呈水渍状缢缩,变褐变细,造成幼苗折倒,高湿时亦生灰霉状物。成株期叶片发病多从叶尖开始向内发展,病斑呈"V"字形,开始为水浸状、浅褐色、边缘不规则,具深浅相间轮纹病斑,潮湿时病部长出灰霉,干燥时病斑呈灰白色(图12)。茎发病后初期产生水浸状小点,后扩展成长椭圆形或长条形病斑,高湿时长出灰褐色霉层,严重时引起病部以上枯死。果实发病主要在青果期,先侵染蒂部残留的柱头或花瓣,后向果面或果梗发展,果皮变成灰白色、水浸状、软腐,病部长出灰绿色绒毛状霉层,果实失水后僵化(图13)。

2. 辣椒灰霉病 辣椒灰霉病多在保护地内发生,在苗期、成株期均有危害,叶、茎、枝、花器、果实均可受害。幼苗染病,子叶先端变黄,后扩展到幼茎,致茎缢缩变细,由病部折断而枯死。叶片感染从叶尖或叶缘发病,致使叶片灰褐色腐烂或干枯,湿度大时可见灰色霉层。茎部染病,初为条状或不规则水浸状斑,深褐色,后病斑环绕茎部,湿度大时生较密的灰色霉层,有时茎部轮纹状病斑明显绕一周,病处凹陷缢缩,不久即造成病部以上死亡。花器染病初期花瓣呈现褐色小型斑点,后期整个花瓣呈褐色腐烂,花丝、柱头亦呈褐色。病花上初见灰色霉状物,随后从花梗到与茎连接处开始,并在茎上下、左右蔓延,病斑呈灰色或灰褐色。果实染病病菌多自蒂部、果脐和果面侵染果实,侵染处果面呈灰白色水渍状,后发生组织软腐,造成整个果实呈湿腐状,湿度大时部分果面密生灰色霉层(图14)。

3. **茄子灰霉病** 茄子苗期、成株期均可发生灰霉病。幼苗染病,子叶先端枯死,后扩展到幼茎,幼茎缢缩变细,常自病部折断枯死,真叶染病出现半圆形至近圆形淡褐色轮纹斑,后期叶片或茎部均可长出灰霉,致病部腐烂。成株染病,叶缘处先形成水浸状大斑,后变褐,形成椭圆或近圆形浅黄色轮纹斑,直径5～10毫米,密布灰色霉层,严重的大斑连片,致整叶干枯。茎秆、叶柄染病也可产生褐色病斑,湿度大时长出灰霉。果实染病,幼果果蒂周围局部先产生水浸状褐色病斑,扩大后呈暗褐色,凹陷腐烂,表面产生不规则轮状灰色霉状物,失去食用价值。

4. **黄瓜灰霉病** 主要危害幼瓜、叶、茎。病菌多从开败的雌花侵入,致花瓣腐烂,并长出淡灰褐色的霉层,进而向幼瓜扩展,致脐部呈水渍状,幼花迅速变软、萎缩、腐烂,表面密生霉层。较大的瓜被害时,组织先变黄并生灰霉,后霉层变为淡灰色,被害瓜受害部位停止生长、腐烂或脱落(图15)。叶片一般由脱落的烂花或病卷须附着在叶面引起发病,形成直径20～50毫米的大型病斑,近圆形或不规则形,边缘明显,表面着生少量灰霉(图16)。烂瓜或烂花附着在茎上时,能引起茎部的腐烂,严重时下部的节腐烂致蔓折断,植株枯死。

5. **西葫芦灰霉病** 主要危害西葫芦的花、幼果、叶、茎或较大的果实。花和幼果的蒂部初为水浸状,逐渐软化,表面密生灰绿色霉,致果实萎缩、腐烂,有时长出黑色菌核(图17)。

6. **韭菜灰霉病** 主要危害叶片,分为白点型、干尖型和湿腐型。白点型和干尖型初在叶片正面或背面生白色或浅灰褐色小斑点,由叶尖向下发展,病斑呈梭形或椭圆形,可互相汇合成斑块,致半叶或全叶枯焦。湿腐型发生在湿度大时,枯叶表面密生灰至绿色绒毛状霉,伴有霉味。湿腐型叶上不产生白点。干尖型由割茬刀口处向下腐烂,初呈水浸状,后变淡绿色,有褐色轮纹,病斑扩散后多呈半圆形或"V"字形,并可向下延伸2~3厘米,呈黄褐色,表面生灰褐或灰绿色绒毛状霉。发病盛期或韭菜储运中,病叶出现湿腐型症状,完全湿软腐烂,其表面产生灰霉。

7. **大葱灰霉病** 初在叶上生白色至浅灰褐色的小斑点,后逐渐扩大,相互融合成椭圆或近圆形大斑,多由叶尖向下发展,逐渐连成片,使葱叶卷曲枯死。湿度大时,在枯叶上生出大量灰霉,致使大葱腐烂、发黏、发黑。

8. **豇豆灰霉病** 豇豆叶、茎、花、荚果均可染病,一般根颈部向上先显症,周缘深褐色,中部淡棕色或浅黄色,干燥时病斑表皮破裂形成纤维状,湿度大时上生灰色霉层。有时从茎蔓分枝处侵入,致病部形成凹陷水浸斑,后萎蔫。苗期子叶染病呈水浸状变软下垂,后叶缘长出白灰色霉层。叶片染病,形成较大的轮纹斑,后期易破裂。荚果染病,先侵染败落的花,后扩展至荚果,病斑初淡褐色至褐色后软腐,表面生灰霉。

(三)有效药剂

灰霉病的防治有效药剂可分为以下几类:①二甲酰亚胺类,如异菌脲、乙烯菌核利、腐霉利。②取代苯类,如百菌清、甲基硫菌灵。③苯并咪唑类,如多菌灵、噻菌灵。④复配杀菌剂,如甲基硫菌灵·乙霉威、噁霜灵·代森锰锌。

(四)防治方法

1. **农业防治**

(1)选用抗病品种

(2)轮作 注意选择茬口,最好与禾本科作物实行2~3年轮作。

（3）清洁田园　注意摘除病果和老叶,集中深埋或烧毁,防止传播蔓延;用新土育苗;定植前深耕,可减少菌源;种植多年的大棚,因病源积累得比较多,在夏季7~8月进行深翻蓄水,地面覆盖7天,利用高温杀菌;在定苗移栽前喷一次药,以确保无病苗进入棚室。

（4）降低湿度　高畦栽培,注意排水降湿;种植密度不宜过大;棚室降低湿度,提高夜间温度,增加白天通风时间。保护地栽培遇低温高湿天气要加强通风。冬季或早春,上午棚内尽量保持较高的温度,使棚顶露水雾化,下午适当延长放风时间,以降低棚内湿度;夜间要适当提高棚温,避免叶面结露。发病初期控制浇水,不可大水漫灌,一般浇水要在晴天上午进行。

2. 化学防治　番茄灰霉病的防治适期应根据天气预报,在出现低温、阴湿、寡照的利于发病的天气条件下,始花期为第一次防治适期,应及时发出预报,尽早防治;以后密切注意天气及病情变化,若出现3天以上低温、阴雨、寡照天气,及时防治,控制病情发展。

（1）发病初期防治　交替喷施50%多菌灵可湿性粉剂或70%甲基硫菌灵可湿性粉剂500倍液,或45%噻菌灵悬浮剂4 000倍液,或50%腐霉利可湿性粉剂、50%异菌脲可湿性粉剂、50%乙烯菌核利可湿性粉剂1 000~1 500倍液,或75%百菌清可湿性粉剂600倍液,或6.5%甲基硫菌灵・乙霉威可湿性粉剂800倍液,或64%噁霜灵・代森锰锌可湿性粉剂500倍液,或21%过氧乙酸水剂1 000~1 500倍液,隔10天喷1次,连续2~3次。

（2）药剂蘸花　番茄开花时,在配好的2,4 -滴或防落素稀释液中,加入0.1%的50%腐霉利可湿性粉剂或50%异菌脲可湿性粉剂进行蘸花或涂抹,使花器着药。

（3）果实快速膨大期防治　果实快速膨大期是番茄灰霉病高发期,应注意施药防治,每次喷药前把老叶、黄叶、病叶、病花、病果全部清除,以减少菌源基数,并利于植株下部通风透光。喷药要周到,施药时抓住3个位置:一是中心病株周围,二是植株中下部,三是叶片背面。做到早发现中心病株,及早防治。要注意保护性杀菌剂和治疗性杀菌剂混施,达到预防和治疗的效果。

（4）保护地栽培防治　在发病初期,每亩用10%腐霉利烟剂或45%百菌清烟雾剂或50%乙烯菌核利烟剂200～300克熏一夜,也可用6.5%甲基硫菌灵·乙霉威超细粉尘剂或5%百菌清粉尘剂,每次每亩1千克,每隔7～9天喷撒1次。

（五）专家告诫

1. 嘧霉胺　用嘧霉胺防治茄子灰霉病,如果浓度高了或者药液量大了会出现药害,叶片上出现褐斑(图18),甚至叶子变黄、焦枯以至脱落,所以茄子上不要用嘧霉胺防治灰霉病。

2. 菌核净　保护地菜豆、芹菜对其敏感,常规喷雾对其生长有明显抑制作用,对菜豆开花、结荚也有明显影响,在菜豆伸蔓期及芹菜苗期避开施药,还要特别注意该药的安全间隔期。

3.50%异菌脲可湿性粉剂　在番茄上安全间隔期7天,每个生长季最多用3次,不能与腐霉利、乙烯菌核利等作用方式相同的杀菌剂混合使用或轮用。不能与强碱性或强酸性农药混合使用。不宜长期、连续多次使用,以免产生抗药性,应交替使用或与不同性能的药剂混合使用。

4.50%乙烯菌核利可湿性粉剂　在黄瓜上安全间隔期4天,防治黄瓜灰霉病每个生长季不超过2次。

5.45%噻菌灵悬浮剂　安全间隔期10天,不能与铜制剂混合使用,避免与其他药剂混合使用。

6.50%腐霉利可湿性粉剂　不能与石硫合剂、波尔多液等强碱性农药混合使用,也不宜与有机磷农药混配。在幼苗、弱苗、高温、高湿条件下喷洒,要注意施药浓度,避免产生药害。长期使用同种药剂容易使病菌产生抗药性,建议与其他杀菌剂轮换使用。要随配随用,不能长时间放置。在白菜、萝卜上慎用,以免产生药害。喷药时期应在发病前,最迟也应在发病初期用。

7.6.5%甲基硫菌灵·乙霉威超细粉尘剂　每个生长季不超过3次,最好与腐霉利交替使用,以免诱发抗性产生。不能与铜制剂及酸碱性较强的农药混合使用。

七、早疫病

(一)危害对象

可危害茄果类蔬菜如番茄、茄子、辣椒、马铃薯等。

(二)危害症状与特点

1. 番茄早疫病　苗期、成株期均可染病,主要侵害叶、茎、花、果等部位,以叶片和茎叶分枝处最易感病。幼苗期茎基部发病,病斑常包围整个幼茎呈黑褐色,引起腐烂,幼苗枯倒。成株期一般从下部老叶开始发病,逐渐向上扩展。叶片染病初呈针尖大小的黑点,后发展为不断扩展的黑褐色轮纹斑,边缘多具浅绿色或黄色晕环,中部有同心轮纹,且轮纹表面生有毛刺状物,湿度大时病斑上生有灰黑色霉状物(图19);叶柄受害,生椭圆形轮纹斑,深褐色或黑色;茎部染病,多在分枝处产生褐色至深褐色不规则形或椭圆形病斑,凹陷或不凹陷,表面生灰黑色霉状物;青果染病,始于花萼附近,初为椭圆形或不规则形褐色或黑色斑,凹陷,直径10～20毫米,有同心轮纹,后期病果易开裂,病部表面着生黑色霉层,病部较硬,提早变红。常引起落叶、落果和断枝,尤其大棚、温室中发生严重。

2. 茄子早疫病　茄子早疫病主要危害叶片。病斑圆形或近圆形,边缘褐色,中部灰白色,具同心轮纹,直径2～10毫米。湿度大时,病部长出微细的灰黑色霉状物。后期病斑中部脆裂,严重的病叶早期脱落。

3. 芹菜早疫病　又称芹菜叶斑病,主要危害叶片。叶上初呈黄绿色水渍状斑,后发展为圆形或不规则形,直径4～10毫米,病斑灰褐色,边缘色稍深不明晰,严重时病斑扩大汇合成斑块,终致叶片枯死(图20)。茎或叶柄染病,病斑椭圆形,直径3～7毫米,灰褐色,稍凹陷。发病严重的全株倒伏。高湿时,病部长出灰白色霉层。

(三)有效药剂

早疫病的防治有效药剂可分为以下几类:①吡咯类,如咯菌腈。②铜制剂,如氢氧化铜。③硫代氨基甲酸酯类,如代森锰锌。④取代苯类,如百菌清、甲基硫菌灵。⑤二甲酰亚胺类,如异菌脲、腐霉利、克菌丹。⑥苯并咪唑类,如多菌灵、苯菌灵。⑦复配杀菌剂,如嘧菌酯·百菌清、春雷霉素·氧氯化铜。

(四)防治方法

1. 农业防治

(1)种植抗、耐病品种

(2)轮作　大面积实行3年以上与非茄科蔬菜轮作。

(3)加强田间管理　选择适当的播种期,加强田间管理,施足腐熟有机肥,适时追肥,合理密植,以促进植株生长健壮,提高对病害的抗性;在整枝时应避免与有病植株相互接触,可以减轻病害的发生。

(4)清洁田园　早期及时摘除病叶、病果,并带出田外集中销毁;番茄拉秧及时清除田间残株、落花、落果,结合翻耕土地,搞好田间卫生。

(5)降低湿度　注意雨后及时排水。保护地番茄每次灌水后一定要通风,以降低棚内空气湿度。早春定植时昼夜温差大,相对湿度高,易结露,有利于此病的发生和蔓延。尤其需要调整好棚内水、气的有机配合。

2. 化学防治

(1)种子处理　番茄可用2%武夷菌素水剂浸种,或用50%克菌丹可湿性粉剂按种子重量的0.4%拌种。也可用2.5%咯菌腈悬浮种衣剂10毫升加水150～200毫升,混匀后可拌种3～5千克,包衣晾干后播种,可有效杀死黏附于种子表皮或潜伏在种皮内的病菌。

(2)栽前棚室消毒　连年发病的温室、大棚,在定植前密闭棚室后按每100米^{2}用硫黄0.25千克,锯末0.5千克,混匀后分几堆点燃熏烟一夜。

(3)苗期防治　在苗期,病害发生前应注意使用保护性杀菌剂喷洒预防病害的发生,如77%氢氧化铜可湿性粉剂800～1 000倍液,或70%代森锰锌可湿性粉剂600～800倍液,或75%百菌清可湿性粉剂600～800倍液。

(4)发病初期防治　在田间开始发病,部分叶片或茎秆上有病斑发生时,应及时喷施治疗剂进行防治。当番茄早疫病病株率达30%,病情指数 2~5,结合天气预报,若田间相对湿度70%连续5天以上,为防治适期。可用50%多菌灵可湿性粉剂800倍液,或50%甲基硫菌灵可湿性粉剂500倍液,或50%苯菌灵可湿性粉剂800~1 000倍液,或77%氢氧化铜可湿性粉剂500倍液,或56%嘧菌酯·百菌清悬浮剂800~1 200倍液,或47%春雷霉素·氧氯化铜可湿性粉剂500~800倍液茎叶喷雾,视病情,隔7天喷1次,连喷2~3次。为防止产生抗药性,提高防效,提倡交替或复配使用。

(5)保护地栽培防治　结合其他病害的预防,可以用45%百菌清烟剂或10%腐霉利烟剂每次每亩200~250克,在傍晚封闭棚室后施药,将药分放于5~7个燃放点,5~10天熏1次,也可每亩喷5%百菌清粉尘剂1千克,视病情间隔7~10天用1次药。番茄茎部发病,也可把50%异菌脲可湿性粉剂配成180~200倍液,涂抹病部。

(五)专家告诫

1.50%克菌丹可湿性粉剂　安全间隔期21天,每个生长季最多用3次,不易与矿物油类同时使用,两者间隔15天以上最好。

2.77%氢氧化铜可湿性粉剂　蔬菜苗期用安全浓度喷药防病,应慎用或不用。宜选晴天喷洒,阴雨、雾天、有露水时及蔬菜花期易产生药害,不宜使用。在高温高湿条件下慎用。施药时宜在蔬菜发病初期进行,发病后期防治效果差。如果病害发生较重再用药,即使增加喷药次数,效果也不很理想。须单独使用,避免与其他农药混合使用。不可与强酸、强碱性农药混合使用;不能与石硫合剂及遇铜易分解的农药混合使用;不能与遇碱分解的药剂混合使用。

3.50%苯菌灵可湿性粉剂　使用该药剂可能产生抗药性。注意与其他作用机制不同的杀菌剂交替使用,施药后应及时清洗药械;安全间隔期14天,每个生长季最多用2次,不能与碱性农药混合使用,要尽量减少用药次数和用药量。

4.56%嘧菌酯·百菌清悬浮剂　安全间隔期14天,每个生长季最多用3次。

八、炭疽病

(一)危害对象

炭疽病可危害十字花科蔬菜如白菜、上海青,瓜类如黄瓜、冬瓜、丝瓜,茄果类如辣椒、番茄、茄子,豆类如豇豆、菜豆。

(二)危害症状与特点

1. **白菜炭疽病** 主要危害叶片、花梗及种荚。叶片染病,初呈苍白色或褪绿水浸状小斑点,扩大后为圆形或近圆形灰褐色斑,中央略下陷,呈薄纸状,边缘褐色,微隆起,直径1~3毫米;发病后期,病斑灰白色,半透明,易穿孔;在叶背多危害叶脉,形成长短不一略向下凹陷的条状褐斑。叶柄、花梗及种荚染病,形成椭圆或纺锤形至梭形凹陷褐色至灰褐色斑,湿度大时,病斑上常有赭红色黏质物。

2. **黄瓜炭疽病** 黄瓜苗期到成株期均可发病,幼苗发病,多在子叶边缘出现半椭圆形淡褐色病斑,上生橙黄色点状胶质物。重者幼苗近地面茎基部变黄褐色,逐渐细缩,致幼苗折倒。成株期发病叶片上病斑近圆形,直径4~18毫米,棚室湿度大,病斑呈淡灰至红褐色,略呈湿润状,严重的病斑连片致叶片干枯(图21)。主蔓及叶柄上病斑椭圆形,黄褐色,稍凹陷,严重时病斑连接,包围主蔓,致植株一部分或全部枯死。瓜条染病,病斑近圆形,初呈淡绿色,后为黄褐色,或暗褐色,病部稍凹陷,表面有粉红色黏稠物,后期常开裂。叶柄或瓜条上有时出现琥珀色流胶。

3. **冬瓜炭疽病** 可危害子叶、真叶、叶柄、主蔓、果实等部位,以果实症状最明显,危害性也大。果实染病,多在顶部,病斑初呈水浸状小点,后逐渐扩大,现圆形褐色凹陷斑,湿度大时,病斑中部长出粉红色粒状物,病斑连片致皮下果肉变褐,严重时腐烂。叶片染病,病斑圆形,大小差异较大,直径3~30毫米,一般8~10毫米,褐色或红褐色,周围有黄色晕圈,中央色淡,病斑多时,叶片干枯。

4. **辣椒炭疽病** 主要危害果实。在果实上病斑近圆形至椭圆形,直径长达数厘米,边缘深褐色,中部淡褐色至褐色,有的稍凹陷,或隐现轮纹,斑面出现朱红色小点或小黑粒(图22)。病斑向纵深发展,致果肉变褐腐烂,病果不能食用。

5. 茄子炭疽病　主要危害果实。果斑近圆形或椭圆至不规则形,稍凹陷,黑褐色,斑面生黑色小点及溢出赭红色黏质物。严重时致茄果腐烂。

6. 菜豆炭疽病　叶、茎及荚受害。叶片发病始于叶背,叶脉初呈红褐色条斑,后变黑褐色或黑色,并扩展为多角形网状斑;叶柄和茎病斑凹陷龟裂,呈褐锈色细条形斑,病斑连合形成长条状;豆荚初现褐色小点,扩大后呈褐色至黑褐色圆形或椭圆形斑,周缘稍隆起,四周常具红褐色或紫色晕环,中间凹陷,湿度大时,溢出粉红色黏稠物;种子染病,出现黄褐色的大小不等凹陷斑。

7. 豇豆炭疽病　在茎上产生梭形或长条形病斑。初为紫红色,后变淡,稍凹陷以至龟裂,病斑上密生大量黑点。该病多发生在雨季,病部往往因腐生菌的生长而变黑,加速茎组织的崩解。轻者生长停滞,重者植株死亡。

(三)有效药剂

炭疽病的防治有效药剂可分为以下几类:①硫代氨基甲酸酯类,如福美双、丙森锌。②抗生素类,如抗霉菌素120(农抗120)、武夷菌素。③取代苯类,如百菌清、甲基硫菌灵。④苯并咪唑类,如多菌灵、苯菌灵。⑤咪唑类,如咪酰胺。⑥三唑类,如腈苯唑、苯醚甲环唑、戊唑醇。⑦甲氧基丙烯酸酯类,如吡唑醚菌酯、醚菌酯。⑧复配杀菌剂,如甲基硫菌灵·硫黄、噁唑菌酮·代森锰锌、甲基硫菌灵·乙霉威。⑨其他类,如溴菌腈。

(四)防治方法

1. 农业防治

(1)种植抗病品种

(2)轮作　与非茄果类或非十字花科蔬菜实行3年以上轮作。

(3)清洁田园

(4)加强田间管理　选择地势较高、排水良好的地块栽种,及时排除田间积水;合理施肥,施用充分腐熟的有机肥,增施磷、钾肥;收获后深翻土地,加速病残体的腐烂。

2. 物理防治 瓜类、茄科类蔬菜可用 55℃ 温水浸种 10 分,放入冷水中冷却后催芽播种。

3. 化学防治

(1)药剂拌种 茄科类蔬菜可用 50% 多菌灵可湿性粉剂或 25% 溴菌腈可湿性粉剂或 50% 福美双可湿性粉剂按种子重量的 0.3% 拌种。

(2)生长期防治 黄瓜炭疽病的防治适期为发病始见后 5~7 天或田间病株率 5%,以及进入生长盛期至采收中后期的各类型大田。可用 50% 甲基硫菌灵・硫黄悬浮剂 800~1 000 倍液,或 50% 苯菌灵可湿性粉剂 1 500 倍液,或 50% 多菌灵可湿性粉剂 500 倍液,或 70% 甲基硫菌灵可湿性粉剂 1 000 倍液,或 25% 腈苯唑悬浮剂 1 000 倍液,或 10% 苯醚甲环唑水分散粒剂 800~1 000 倍液,或 43% 戊唑醇悬浮剂 3 000 倍液,或 25% 溴菌腈可湿性粉剂 500 倍液,或 25% 吡唑醚菌酯乳油 1 200~2 000 倍液,或 50% 咪酰胺锰盐可湿性粉剂 1 000 倍液,或 25% 咪酰胺乳油 500~1 000 倍液,或 70% 丙森锌可湿性粉剂 600 倍液,或 50% 醚菌酯干悬浮剂 3 000 倍液,或 2% 抗霉菌素 120(农抗 120)水剂 150 倍液,或 2% 武夷菌素水剂 150~200 倍液,或 68.75% 噁唑菌酮・代森锰锌水分散粒剂 800 倍液喷雾,每隔 7~15 天 1 次,连续 2~3 次,交替使用。

(3)保护地防治 于傍晚选用 45% 百菌清烟剂,每次每亩 250 克,或喷 6.5% 甲基硫菌灵・乙霉威超细粉尘剂,或 5% 百菌清粉尘剂,每次每亩 1 千克,每隔 7~10 天 1 次,2~3 次交替使用。

(四)专家告诫

1. 25% 溴菌腈可湿性粉剂 在黄瓜上安全间隔期 5 天,每个生长季最多用 3 次。

2. 70% 丙森锌可湿性粉剂 安全间隔期 7 天,每个生长季不超过 2 次。必须在发病前或发病初期施用;不可与铜制剂或碱性农药混合使用,若施用铜制剂或碱性农药,1 周后才能用丙森锌。

3. 50% 咪酰胺锰盐乳油 在黄瓜上安全间隔期 7 天,每个生长季最多用 2 次,不可与碱性农药混合使用。

4.10% 苯醚甲环唑水分散粒剂　安全间隔期 7 天,每个生长季最多用 3 次,不可与铜制剂混合使用。

5.43% 戊唑醇悬浮剂　在黄瓜上安全间隔期 3 天,白菜 14 天,每个生长季在黄瓜上不超过 3 次,白菜不超过 2 次。不可与碱性农药混合使用。

6.25% 吡唑醚菌酯乳油　在黄瓜上安全间隔期 3 天,白菜 3 天。防治黄瓜白粉病、霜霉病每个生长季最多用 4 次,白菜炭疽病发病前或发病初期施用,每个生长季最多用 3 次。

7.50% 醚菌酯干悬浮剂　安全间隔期 7～10 天,每个生长季最多用 4 次,下雨不能喷,喷药后 6 小时下雨要重喷。

8.2% 抗霉菌素 120(农抗 120)水剂　安全间隔期 5 天,使用时不可同波尔多液、石硫合剂及其他碱性农药混合使用。用于灌根,以天晴少雨、土壤干燥效果好;土壤湿度大,效果差。茄子、西葫芦对此药敏感,慎用。保护地施用,喷药后注意通风通气。该药起预防保护作用,应在蔬菜苗期未发病前或发病初期喷施。

9.68.75% 噁唑菌酮·代森锰锌水分散粒剂　不可与强碱性农药混合使用。在番茄上安全间隔期 1 天,每个生长季最多用 3 次;在白菜上安全间隔期 14 天,每个生长季最多用 3 次,建议与不同机制杀菌剂轮换使用;不可与强碱农药混合使用。

九、斑枯病

(一)危害对象

可危害番茄、辣椒、芹菜、豇豆等蔬菜。

(二)危害症状与特点

1. 番茄斑枯病　各生育阶段均可发病,侵害叶片、叶柄、茎、花萼及果实。叶片染病,初在叶背生水浸状小圆斑,后在叶正背两面出现边缘暗褐色、中央灰白色圆形或近圆形略凹陷的很多小斑点,病斑直径 1.5～4.5 毫米,斑面散生少量小黑点,进而小斑汇合成大的枯斑,有时病变组织脱落造成穿孔,严重时中下部叶片全部干枯,仅剩下顶端少量健叶(图23);茎和果实病斑近圆形,略凹陷,褐色,其上散生黑色小粒点。

2. 芹菜斑枯病　芹菜叶、叶柄、茎均可染病。一种是老叶先发病。后传染到新叶上。叶上病斑多散生,大小不等,直径3～10毫米,初淡褐色油渍状小斑点,后逐渐扩大,中部呈褐色坏死,外缘多为深红褐色且明显,中间散生少量小黑点。另一种,开始不易与前者区别,后中央呈黄白色或灰白色。边缘聚生很多黑色小粒点,病斑外常具一圈黄色晕环,病斑大小不等。叶柄或茎部染病,病斑褐色,椭圆形稍凹陷,中部散生黑色小点。严重时叶枯,茎秆腐烂。

3. 豇豆斑枯病　豇豆斑枯病主要危害叶片。叶斑多角形至不规则形,直径2～5毫米,初呈暗绿色,后转紫红色,中部褪为灰白色至白色,数个病斑融合为斑块,致叶片早枯。后期病斑背面可见针尖状小黑点。

(三)有效药剂

斑枯病的防治有效药剂可分为以下几类:①硫代氨基甲酸酯类:代森锌、福美锌。②铜制剂,如络氨铜。③二甲酰亚胺类,如异菌脲。④取代苯类,如百菌清、甲基硫菌灵。⑤苯并咪唑类,如多菌灵。⑥三唑类,如苯醚甲环唑。⑦复配杀菌剂,如噁霜灵·代森锰锌、甲霜灵·代森锰锌、多菌灵·硫黄、春雷霉素·氧氯化铜。

(四)防治方法

1. 农业措施

(1)选用抗病品种

(2)轮作　定植田实行3～4年轮作。

(3)清洁田园　采收后把病残全深埋或烧毁。

(4)加强管理　苗床用新土或两年内未种过茄科蔬菜的阳畦或地块育苗;合理用肥,增施磷、钾肥,喷施1.4%复硝酚钠水剂6 000～8 000倍液,可提高抗病能力;高畦栽培,避免种植过密,保持田间通风透光及地面干燥;注意田间排水降湿,保护地栽培要注意降温排湿,缩小日夜温差,减少结露,切忌大水漫灌。

2. 物理防治　茄科类蔬菜种子进行温汤浸种。

3. 化学防治 发病初期喷洒50%多菌灵可湿性粉剂800～1 000倍液，或70%甲基硫菌灵可湿性粉剂1 000倍液，或65%代森锌可湿性粉剂500倍液，或65%福美锌可湿性粉剂500倍液，或75%百菌清可湿性粉剂600倍液，或10%苯醚甲环唑水分散粒剂2 000倍液，或25%络氨铜水剂500倍液，或50%异菌脲可湿性粉剂800～1 000倍液，或64%噁霜灵·代森锰锌可湿性粉剂400～500倍液，或58%甲霜灵·代森锰锌可湿性粉剂500倍液，或40%多菌灵·硫黄悬浮剂500倍液，或47%春雷霉素·氧氯化铜可湿性粉剂1 000倍液，隔7～10天1次，视病情连续防治2～3次。保护地可施用45%百菌清烟剂熏烟，每次每亩200～250克，或喷撒5%百菌清粉尘剂，每次每亩1千克。

（五）专家告诫

1.65%福美锌可湿性粉剂 不可与碱性农药混合使用。建议与其他作用机制不同的杀菌剂轮换使用，以延缓抗性产生。以防病为主，宜在发病初期使用。

2.25%络氨铜水剂 不宜与酸性农药混施，下午4点后喷洒为宜，喷后6小时内遇雨应重喷。在气候炎热情况下应采用说明书中的最大稀释倍数，安全间隔期15天。如果在辣椒上过量灌根使用，可引起叶片黄化、畸形（图24）。

3.40%多菌灵·硫黄悬浮剂 安全间隔期14天，每个生长季最多用3次。不可与铜制剂及碱性农药混合使用。在发病前或发病初期用药，建议与其他作用机制不同的杀菌剂轮换使用，以延缓抗性产生。高温季节应增加用水量来稀释药液。

十、叶枯病

（一）危害对象

有匍柄霉引起的叶枯病如辣椒叶枯病、大蒜叶枯病，也有瓜链格孢引起的叶枯病，如苦瓜叶枯病。

（二）危害症状与特点

1. 辣椒叶枯病 又称灰斑病。在苗期及成株期均可发生，主要危害叶片,有时危害叶柄及茎。叶片发病初呈散生的褐色小点,迅速扩大后为圆形或不规则形病斑,中间灰白色,边缘暗褐色,直径2~10毫米,病斑中央坏死处常脱落穿孔,病叶易脱落。病害一般由下部向上扩展,病斑越多,落叶越严重,严重时整株叶片落光成秃枝。

2. **大蒜叶枯病** 主要危害叶或花梗。叶片染病多始于叶尖或叶的其他部位,初呈花白色小圆点,扩大后呈不规则形或椭圆形灰白色或灰褐色病斑,其上生出黑色霉状物,严重时病叶枯死。花梗染病易从病部折断,最后在病部散生许多黑色小粒点,危害严重时不抽薹。

3. **苦瓜叶枯病** 主要危害叶片。初在叶面现圆形至不规则形褐色至暗褐色轮纹斑,后扩大,直径2~5毫米,病情严重的,病斑融合成片,致叶片干枯。

(三)有效药剂

叶枯病的防治有效药剂可分为以下几类:①硫代氨基甲酸酯类,如丙森锌。②取代苯类,如百菌清、甲基硫菌灵。③二甲酰亚胺类,如异菌脲。④铜制剂,如琥胶肥酸铜、络氨铜。⑤三唑类,如氟硅唑、腈菌唑、己唑醇。⑥复配杀菌剂,如 噁霉灵·代森锰锌、春雷霉素·氧氯化铜、甲基硫菌灵·硫黄。

(四)防治方法

1. **农业防治**

(1)清洁田园 及时清除病残体。

(2)加强管理 加强苗床管理,用腐熟厩肥作底肥,及时通风,控制苗床温湿度,培育无病壮苗。定植后及时松土、追肥,注意遇旱即浇,遇涝即排,并做好养根护叶工作。合理密植,增施有机肥,提倡施用酵素菌沤制的堆肥,抑制有害微生物,合理使用氮肥,增施磷、钾肥,或施用氨基酸叶面营养调节剂、复硝酚钠等,提高植株抗病能力。

2. **化学防治**

(1)辣椒叶枯病 发病初期开始喷洒40%氟硅唑乳油5 000倍

液,或12.5%腈菌唑乳油1 500倍液,或5%己唑醇悬浮剂1 000倍液,或64%噁霉灵·代森锰锌可湿性粉剂500倍液,或70%甲基硫菌灵可湿性粉剂800倍液,或70%丙森锌可湿性粉剂800倍液,隔10~15天1次,连喷2~3次。

（2）大蒜叶枯病、苦瓜叶枯病　于发病初期开始喷洒75%百菌清可湿性粉剂600倍液,或50%异菌脲可湿性粉剂1 500倍液,或30%琥胶肥酸铜可湿性粉剂300倍液,或14%络氨铜水剂300倍液,或47%春雷霉素·氧氯化铜可湿性粉剂800倍液,隔7~10天喷1次,连续防治3~4次。病情严重时,也可单独喷洒50%甲基硫菌灵·硫黄悬浮剂800倍液。保护地还可用粉尘法或熏烟法。于傍晚喷撒5%百菌清粉尘剂,每次每亩1千克;或于傍晚点燃45%百菌清烟剂,每次每亩200~250克,隔7~9天1次。

（五）专家告诫

1.30%琥胶肥酸铜可湿性粉剂　在黄瓜、辣椒上的安全间隔期7天,每个生长季最多用2次。施药时要选择晴天,避免中午高温喷药。不可随意加大药液浓度,否则易产生药害。喷药时应随时摇晃药液,以免产生沉淀,影响药效。

2.40%氟硅唑乳油　在菜豆上的安全间隔期5天,每个生长季最多用3次;在黄瓜上的安全间隔期3天,每个生长季最多用3次。建议与其他杀菌剂轮换使用,避免产生抗药性。

3.12.5%腈菌唑乳油　安全间隔期5天,每个生长季最多用4次。不可与碱性农药混合使用。

4.5%己唑醇悬浮剂　不可与铜制剂及碱性农药混合使用。建议与其他作用机制不同的杀菌剂轮换使用。不宜随意加大剂量,否则会抑制蔬菜生长。

十一、黑斑病

（一）危害对象

黑斑病在十字花科蔬菜,如白菜、甘蓝及花椰菜上,发生较多。

（二）危害症状与特点

1. **白菜黑斑病** 主要危害子叶、真叶的叶片及叶柄，有时也危害花梗和种荚。叶片染病，初生近圆形褪绿斑，后渐扩大，边缘淡绿色至暗褐色，几天后病斑直径扩大至 5～10 毫米，且有明显的同心轮纹，有的病斑具黄色晕圈，在高温高湿条件下病部穿孔，发病严重的，病斑汇合成大的斑块，致半叶或整叶枯死，全株叶片由外向内干枯（图 25、图 26）。茎或叶柄上病斑长梭形，呈暗褐色条状凹陷。采种株的茎或花梗受害，病斑椭圆形，暗褐色。种荚上病斑近圆形，中心灰色，边缘褐色，周围淡褐色，有或无轮纹，湿度大时生暗褐色霉层。

2. **花椰菜（甘蓝）黑斑病** 主要危害叶片、叶柄、花梗和种荚，该病多发生在外叶或外层球叶上，初在病部产生小黑斑，温度高时病斑迅速扩大为灰褐色圆形病斑，直径 5～30 毫米，比白菜黑斑病大，轮纹不明显，但病斑上产生的黑霉常较白菜多且明显。叶上病斑多时，病斑汇合成大斑，或致叶片变黄早枯，茎、叶柄染病，病斑呈纵条形，具黑霉。花梗、种荚染病现出黑褐色长梭形条状斑，结实少或种子瘦瘪。

3. **萝卜黑斑病** 主要危害叶片，叶面初生黑褐色至黑色稍隆起小圆斑，后扩大边缘呈苍白色，中心部淡褐至灰褐色病斑，直径 3～6毫米，同心轮纹不明显，湿度大时病斑上生淡黑色霉状物。病部发脆易破碎，发病重的，病斑汇合致叶片局部枯死。采种株叶、茎、荚均可发病，茎及花梗上病斑多为黑褐色椭圆形斑块。

4. **莴苣黑斑病** 又称轮纹病、叶枯病。主要危害叶片，在叶片上形成圆形至近圆形褐色斑点，在不同的条件下病斑大小差异较大，直径一般 3～15 毫米，褐色至灰褐色，具有同心轮纹。在田间一般病斑表面看不到霉状物。

（三）有效药剂

黑斑病的防治有效药剂可分为以下几类：①硫代氨基甲酸酯类，如福美双。②二甲酰亚胺类，如异菌脲、腐霉利、克菌丹。③取代苯类，如百菌清。④三唑类，如苯醚甲环唑、戊唑醇。⑤复配杀菌剂,如春雷霉素·氧氯化铜、噁霜灵·代森锰锌、嘧菌酯·百菌清、烯肟菌酯·戊唑醇、噁唑菌铜·代森锰锌。

（四）防治方法

1. 农业防治

（1）清洁田园　及时摘除病叶,收获后及时清除田间病残体并带出田外深埋或烧毁,减少菌源。

（2）加强田间管理　适期播种,适当稀植;应选择地势较高不易积水的地块种植;施用腐熟的优质有机肥,增施基肥,注意氮、磷、钾配合,避免缺肥,增强寄主抗病力;适时适量灌水,雨后及时排除田间积水。

2. 化学防治

（1）药剂拌种　白菜可用50%福美双可湿性粉剂按种子重量的0.4%拌种,或用50%异菌脲可湿性粉剂按种子重量的0.2% ~ 0.3%拌种。萝卜可用种子重量0.4%的50%福美双可湿性粉剂或50%异菌脲可湿性粉剂或75%百菌清可湿性粉剂拌种。

（2）生长期防治　发现病株及时喷50%克菌丹可湿性粉剂400倍液,或50%异菌脲可湿性粉剂1 500倍液,或50%腐霉利可湿性粉剂1 500 ~ 2 000倍液,或10%苯醚甲环唑水分散粒剂1 000 ~ 2 000倍液,或43%戊唑醇悬浮剂2 500 ~ 3 000倍液,或47%春雷霉素·氧氯化铜可湿性粉剂600 ~ 800倍液,或64%噁霜灵·代森锰锌可湿性粉剂500倍液,或56%嘧菌酯·百菌清悬浮剂800 ~ 1 000倍液,或75%烯肟菌酯·戊唑醇水分散粒剂2 000 ~ 3 500倍液,或68.75%噁唑菌铜·代森锰锌水分散粒剂800 ~ 1 000倍液,隔7天左右喷1次,连续防治3 ~ 4次。

（五）专家告诫

75%烯肟菌酯·戊唑醇水分散粒剂在黄瓜和马铃薯上的安全间隔期为3天,番茄和辣椒为5天,大白菜为14天,每个生长季最多用3次。在发病初期施用效果最好。

十二、黄萎病

(一)危害对象

危害茄科蔬菜,如茄子、番茄、辣椒。

(二)危害症状与特点

1. 茄子黄萎病 茄子苗期即可染病,田间多在坐果后表现症状,病株多从下向上或从半边向全株发展。有时植株仅半边发病,呈半边疯或半边黄。初期叶缘及叶脉间出现褪绿斑,病株初在晴天中午呈萎蔫状,早、晚尚能恢复,经一段时间后不再恢复,叶缘上卷变褐脱落,病株逐渐枯死,叶片大量脱落呈光秆(图27)。剖视病茎,维管束变褐。

2. 番茄黄萎病 番茄生长中后期发病,先是植株下部叶片侧脉间出现黄色斑驳,渐向上部发展。剖开病株茎部,导管变褐色,别于枯萎病。重病株结果小或不能结果。

3. 辣椒黄萎病 辣椒黄萎病多发生在生长中后期,初发病时,近地面的叶片首先下垂,叶缘或叶尖逐渐变黄,发干或变褐,脉间的叶肉组织变黄,茎基部导管变褐,且沿主茎向上扩展达到数个侧枝,最后致全株萎蔫、叶片枯死脱落。该病扩展较慢,一般多造成病株矮化、节间缩短、生长停滞,造成不同程度的减产。

(三)有效药剂

黄萎病的防治有效药剂可分为以下几类:①铜制剂,如琥胶肥酸铜。②苯并咪唑类,如多菌灵、苯菌灵。③复配杀菌剂,如甲基硫菌灵·硫黄。

(四)防治方法

1. 农业防治

(1)选用抗病品种 选用抗病品种种植,或培育嫁接苗。

(2)轮作 与非茄科蔬菜实行4年以上轮作,如与葱蒜类轮作效果较好,水旱轮作更理想。

(3)清洁田园 发现病株及时拔除,收获后彻底清除田间病残体,集中烧毁。

（4）加强田间管理 ①适时定植。10厘米深处地温15℃以上开始定植,最后铺光解地膜,避免用过冷井水浇灌。②加强肥水管理。施足腐熟有机底肥,增施磷、钾肥;选择晴天合理灌溉,注意提高地温,生长期间宜勤浇小水,保持地面湿润;采收后,开始追肥或喷施复硝酚钠等。

2. 物理防治

（1）种子处理 将种子先在常温水中浸泡15分,后转入55℃的温水中浸泡15分,并不断搅拌,移入冷水中冷却后催芽播种。

（2）土壤消毒 夏季高温季节,先将田块表土层耕翻耙碎并喷水至湿润,用无色透明塑料薄膜覆盖严实,设施栽培可密闭棚室15天以上。对于发病严重的田块可考虑太阳光高温消毒与化学药剂熏蒸结合使用。

3. 化学防治

（1）药剂浸种 茄子、番茄播种前用50%多菌灵可湿性粉剂按种子重量的0.2%浸种1小时。

（2）苗床或定植田消毒 苗期或定植前期喷50%多菌灵可湿性粉剂600～700倍液;定植田每亩用50%多菌灵可湿性粉剂2千克进行土壤消毒。

（3）生长期防治 发病初期喷施50%甲基硫菌灵·硫黄悬浮剂800～1 000倍液,或50%多菌灵可湿性粉剂500倍液,或50%苯菌灵可湿性粉剂1 000倍液,或50%琥胶肥酸铜可湿性粉剂350倍液,视病情,隔7～10天喷1次,连喷2～3次。

（五）专家告诫

琥胶肥酸铜、甲基硫菌灵·硫黄使用注意事项参见本节"十、叶枯病"。多菌灵参见本节"五、猝倒病",苯菌灵参见本节"七、早疫病"。

十三、枯萎病

（一）危害对象

危害茄果类蔬菜,如番茄、茄子、辣椒;瓜类蔬菜,如黄瓜、西葫

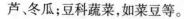

芦、冬瓜;豆科蔬菜,如菜豆等。

(二)危害症状与特点

1. 番茄枯萎病 番茄枯萎病多在开花结果期开始发病。发病初期,先从植株下部叶片开始发黄枯死,依次向上蔓延,有时植株一侧叶片发黄,另一侧为正常绿色,发病严重时整株叶片褐色萎蔫枯死,但不脱落。或一片叶一边发黄而另一边正常。剖开病茎可见维管束变黄褐色。潮湿环境下,病株茎基部产生粉红色霉。

2. 辣椒枯萎病 主要发生在幼苗期、开花坐果和成株期。初期病株叶片多自下而上逐渐萎蔫,特别是晴天病株叶片在中午前症状更为明显,傍晚至翌日清晨,叶片恢复正常。此后叶片色泽逐渐变黄枯死。有时病部只在茎的一侧发展,形成纵向条状坏死区,后期全株枯死,根颈表皮呈褐色,逐渐变软而腐烂,折断根颈,可见维管束变为褐色。在湿度较大的条件下,病部常产生白色或蓝绿色的霉状物。在地膜覆盖、温室大棚和深植条件下更容易发病,发病部位多在辣椒植株根部或根颈处。发病初期,根部或根颈处常常发生水渍状褐色斑点,脚叶黄化,嫩芽和嫩叶生长缓慢,色泽暗,叶片出现半边枯黄,半边绿色,中午萎蔫,晚上恢复,可持续数天。随着病情加重,根颈处及主根、侧根基部皮层干腐纵裂,容易剥落,植株下部叶片大量脱落,与地面接触的茎基部皮层发生水渍状腐烂,茎秆和叶片迅速凋萎。病害扩展后,每条病根的一半或整段出现腐烂,髓部变为暗褐色或略带紫红,茎基部近地面处整段干腐或半边出现纵向枯死的长条斑。天气潮湿时,病部长出丰茂的白色菌丝或蓝绿色霉状物。发病后期,植株很容易被拔起。病株侧根很少,折断茎秆可见根颈部维管束变褐,外部也常呈褐色。病株地下部根系也呈水浸状软腐,皮层极易剥落,木质部变成暗褐色至煤烟色。

3. 茄子枯萎病 病株叶片自下向上逐渐变黄枯萎,病症多表现在一、二层分枝上,有时同一叶片仅半边变黄,另一半健全如常(图28)。病茎维管束变褐色,易与黄萎病混淆。果皮发干,光泽度不好,品质下降。枯萎病的病程较长,15~30天枯死。

4. 冬瓜枯萎病 苗期成株期均可发病,主要危害茎、叶。苗期发病,子叶变黄,不久干枯,幼茎、叶片、叶柄及生长点萎蔫或茎基部变褐,缢缩或猝倒。成株发病茎基部纵裂或部分叶片中午萎蔫,早、晚恢复,叶色变淡,后全部萎蔫,最后植株枯死。干燥后呈黑褐色,有的出现纵裂,常溢出琥珀色胶状物。湿度大时病部产生白色或粉红色霉状物,横剖病茎,可见维管束变褐。

5. 菜豆枯萎病 花期开始显病。病株下部叶片先变黄,后逐渐向上扩展,叶脉变褐,近叶脉处变黄,枯干或脱落;茎一侧或全部维管束变为黄褐色或黑褐色,根部变色,皮层腐烂引致根腐,且易于拔起,结荚显著减少,且荚背部腹缝合线也渐变为黄褐色。花期后病株大量枯死。

(三)有效药剂

枯萎病的防治有效药剂可分为以下几类:①硫代氨基甲酸酯类,如福美双。②有机磷类,如甲基立枯磷。③铜制剂,如混合氨基酸络铜、琥胶肥酸铜。④苯并咪唑类,如多菌灵。⑤噁唑类,如噁霉灵。⑥取代苯类,如敌磺钠。⑦复配杀菌剂,如多菌灵·硫黄。

(四)防治方法

1. 农业防治

(1)种植抗病品种

(2)轮作 实行3年以上轮作。

(3)清洁田园 及时清除病株,深埋或销毁。

(4)加强田间管理 采用高垄栽培,防止田间积水,施用充分腐熟的有机肥,采用配方施肥技术,适当增施钾肥,提高植株抗病力。

2. 化学防治

(1)药剂拌种 菜豆可用50%多菌灵可湿性粉剂按种子重量的0.5%拌种;或用36%多菌灵·硫黄悬浮剂50倍液浸种3~4小时,或用福尔马林300倍液浸种4小时,浸种后用清水冲洗干净再播种。冬瓜可用50%福美双可湿性粉剂按种子重量的0.3%拌种。

(2)土壤处理 用50%多菌灵可湿性粉剂500倍液,或20%甲基立枯磷乳油1 200倍液,或10%混合氨基酸络铜水剂250倍液,或30%琥胶肥酸铜可湿性粉剂300~400倍液匀开浇灌,等药液渗下后播种,再覆土。苗床土消毒,每平方米苗床土用50%多菌灵可湿性粉剂8~10克,加土4~5千克拌匀,先将1/3药土撒在畦面上,播种后再把多余药土覆在种子上。拌匀后播种。病区定植时用50%多菌灵可湿性粉剂或50%甲基硫菌灵可湿性粉剂每亩3.5千克,掺细土施用。

(3)喷淋　发现零星病株,要及时拔除,定植穴填入生石灰覆盖踏实,杀菌消毒。发病初期,可用70%噁霉灵可湿性粉剂2 000倍液,或10%混合氨基酸络铜水剂200倍液,或50%琥胶肥酸铜可湿性粉剂350倍液,或50%多菌灵可湿性粉剂500倍液,或20%甲基立枯磷乳油900倍液,或75%敌磺钠可溶性粉剂500倍液向茎基部喷淋或浇灌,每株300~500毫升,视病情隔7~10天灌1次,连续2~3次。

(五)专家告诫

硫酸铜使用注意事项:①药害症状。土壤中过量施用硫酸铜,致使植物过量吸收铜,造成植株下部叶片褪绿变黄,叶脉附近出现白色不规则斑点,植株顶部花器坏死,果实畸形,粗细不匀。②正确施用方法。定植后,每亩用硫酸铜2~3千克随水浇入菜田,防治黄瓜枯萎病效果良好。施一次硫酸铜可满足蔬菜2~3年内对铜元素的吸收利用。老菜田施用防病效果更好。

十四、葱类紫斑病

(一)危害对象

除危害大葱外,还危害洋葱、大蒜、韭菜等。

(二)危害症状与特点

1. 大葱紫斑病　主要危害叶和花梗,初呈水渍状白色小点,后变淡褐色圆形或纺锤形稍凹陷斑,继续扩大呈褐色或暗紫色,周围有黄色晕圈。湿度大时,病部长出同心轮纹状排列的深褐色霉状物,病害严重时,致全叶变黄枯死或折断(图29)。鳞茎染病,多发生在鳞茎颈部,造成软腐和皱缩,茎内组织深黄色。

2. 大蒜紫斑病　大田生长期危害叶和薹,储藏期危害鳞茎。主要在生长后期发病。田间发病多始于叶尖或花梗中部,几天后蔓延至下部,初呈稍凹陷白色小斑点,中央微紫色,扩大后呈黄褐色纺锤形或者椭圆形病斑,湿度大时,病部产出黑色霉状物,病斑多具同心轮纹,易从病部折断。储藏期染病鳞茎颈部变深黄色或红褐色软腐状。

(三)有效药剂

葱类紫斑病的防治有效药剂可分为以下几类:①取代苯类,如百菌清。②二甲酰亚胺类,如克菌丹、异菌脲。③复配杀菌剂,如噁霉灵·代森锰锌、甲霜灵·代森锰锌、春雷霉素·氧氯化铜。

(四)防治方法

1. 农业防治

(1)轮作 与非百合科蔬菜轮作2年以上。

(2)清洁田园 收获后及时清洁田园。

(3)加强田间管理 施足充分腐熟的有机肥;适期播种,合理密植;适时适量浇水,雨后及时排除田间积水;适时收获,低温储藏,防止病害在储藏期继续蔓延。

2. 化学防治

(1)种子处理 用福尔马林300倍液浸种3小时,浸后及时洗净。鳞茎可用40~45℃温水浸1.5小时消毒。

(2)生长期防治 发病初期喷洒75%百菌清可湿性粉剂500~600倍液,或64%噁霜灵·代森锰锌可湿性粉剂400~600倍液,或50%克菌丹可湿性粉剂400~600倍液,或58%甲霜灵·代森锰锌可湿性粉剂500倍液,或50%异菌脲可湿性粉剂1 500倍液,或47%春雷霉素·氧氯化铜可湿性粉剂600~800倍液,均匀喷雾,视病情间隔7~10天喷1次,连喷2~3天。

(五)专家告诫

甲霜灵·代森锰锌、噁霜灵·代森锰锌、百菌清使用注意事项参见本节"一、霜霉病",春雷霉素·氧氯化铜参见本节"四、绵腐病",异菌脲参见本节"六、灰霉病",克菌丹参见本节"七、早疫病"。

十五、蔓枯病

（一）危害对象

主要危害葫芦科蔬菜,如黄瓜、西葫芦、丝瓜、冬瓜等。

（二）危害症状与特点

1. 黄瓜蔓枯病 叶片上病斑近圆形,有的自叶缘向内呈"V"字形,淡褐色至黄褐色,后期病斑易破碎,病斑轮纹不明显,上生许多黑色小点,病斑直径 10 ~ 35 毫米,少数更大;蔓上病斑椭圆形至梭形,白色,有时溢出琥珀色的树脂胶状物,后期病茎干缩,纵裂呈乱麻状,严重时引致"蔓烂"。

2. 西葫芦蔓枯病 在田间主要发生在茎蔓上,致蔓枯死,但也能危害幼苗、茎部及果实。近地面的茎,初染病时,仅病斑与健全组织交界处呈水浸状,病情扩展时,组织坏死或流胶,在病部出现许多黑色小粒点,严重时整株死亡。叶片染病,呈水浸状黄化坏死,严重整叶枯死。果实染病,产生黑色凹陷斑,龟裂或致果实腐败。

（三）有效药剂

蔓枯病的防治有效药剂可分为以下几类:①二甲酰亚胺类,如异菌脲。②取代苯类,如百菌清、甲基硫菌灵。③硫代氨基甲酸酯类,如代森联。④三唑类,如氟硅唑、苯醚甲环唑。⑤甲氧基丙烯酸酯类,如醚菌酯、吡唑醚菌酯、嘧菌酯。⑥咪唑类,如咪酰胺锰盐。⑦复配杀菌剂,如吡唑醚菌酯·代森联、嘧菌酯·百菌清、氟硅唑·咪酰胺。

（四）防治方法

1. 物理防治 用55℃温水浸种15分。

2. 化学防治

（1）涂抹法 个别株发病时,可用50%异菌脲可湿性粉剂或75%百菌清可湿性粉剂对成糊状,涂抹病处。

（2）喷雾法 发病初期喷洒70%代森联水分散粒剂800倍液,或40%氟硅唑乳油8 000倍液,或10%苯醚甲环唑水分散粒剂1 500倍液,或50%醚菌酯干悬浮剂3 000倍液,或60%吡唑醚菌酯·代森联水分散粒剂 1 500 倍液,或 25% 吡唑醚菌酯乳油 3 000 倍液,或 25% 嘧菌酯悬浮剂 1 500 倍,或 50% 咪酰胺锰盐可湿性粉剂 500 倍液,或 70% 甲基硫菌灵可湿性粉剂 500 倍液,或 56% 嘧菌酯·百菌清悬浮剂 600 倍液,或 20% 氟硅唑·咪酰胺水乳剂 800 倍液,视病情,隔 7～10 天喷 1 次,连喷 2～3 次。病害严重时,可适当加大用药量。

(3)熏烟法 大棚温室可用 30% 百菌清烟剂,每次每亩 250 克熏烟,7～10 天熏 1 次,连续防治 2～3 次。

(五)专家告诫

1. 70% 代森联水分散粒剂 在黄瓜上施用安全间隔期 3 天,每个生长季最多用 4 次。不能与铜制剂及碱性农药混合使用,或前后紧接使用。

2. 60% 吡唑醚菌酯·代森联水分散粒剂 在黄瓜上施用安全间隔期为 2 天,辣椒 7 天,番茄 7 天,马铃薯 14 天,大蒜 7 天;在黄瓜上每个生长季最多用 4 次,在辣椒上最多 6 次,在番茄上最多 2 次,在马铃薯上最多 2 次。不能与碱性农药混合使用。

3. 20% 氟硅唑·咪酰胺水乳剂 在黄瓜上安全间隔期 7 天,白菜 14 天,每个生长季在黄瓜上不超过 3 次,白菜不超过 2 次。

十六、根腐病

(一)危害对象
可危害辣椒、茄子、黄瓜、菜豆、豇豆等蔬菜。

(二)危害症状与特点

1. 辣椒根腐病 该病多发生于定植后,起初病株白天枝叶萎蔫,傍晚至翌日清晨恢复,反复多日后整株青枯死亡。病株的根颈部及根皮层呈淡褐色至褐色腐烂,极易剥离,露出暗色的木质部,萎蔫阶段根颈木质部多不变色,病部一般仅局限于根和根颈部(图 30)。

2. 菜豆根腐病 主要侵染根部或茎基部,病部产生褐色或黑色斑点,多由支根蔓延至主根,致整个根系腐烂或坏死。病株易拔出,纵剖病根,维管束呈红褐色,病情扩展后向茎部延伸,主根全部染病后,地上部茎叶萎蔫或枯死。湿度大时,病部产生粉红色霉状物。

3. 黄瓜根腐病 主要侵染根及茎部,初呈水浸状,后腐烂。茎缢缩不明显,病部腐烂处的维管束变褐,不向上发展,别于枯萎病。后期病部往往变糟,留下丝状维管束。病株地上部初期症状不明显,后叶片中午萎蔫,早、晚尚能恢复。严重的则多数不能恢复而枯死。

（三）有效药剂

根腐病的防治有效药剂:①苯并咪唑类,如多菌灵、苯菌灵。②取代苯类,如甲基硫菌灵、敌磺钠。③噁唑类,如噁霉灵。

（四）防治方法

1. 农业防治

（1）轮作 与白菜或葱蒜类实行 2 年以上轮作。

（2）加强田间管理 平整土地,防止积水,雨后及时排水。

2. 化学防治

（1）种子处理 辣椒浸种前先用 0.2% ~ 0.5% 的碱液清洗种子,再用清水浸种 8 ~ 12 小时,捞出后置入配好的 1% 次氯酸钠溶液中浸 5 ~ 10 分,冲洗干净后催芽播种;也可用咯菌腈进行种子包衣。

（2）苗床消毒 每平方米用甲基硫菌灵或多菌灵 8 ~ 10 克处理苗床,播种后,用药土下铺上盖,防止幼苗带菌。

（3）生长期防治 发病初期用药液灌根,一般每株灌药液 0.2 ~ 0.3 升,每 7 ~ 10 天灌 1 次,连续灌 2 ~ 3 次。常用的灌根药剂有 50% 多菌灵可溶性粉剂 500 倍液,或 50% 苯菌灵可溶性粉剂 1 500 倍液,或 50% 甲基硫菌灵可溶性粉剂 500 倍液,或 75% 敌磺钠可溶性粉剂 800 倍液,或 95% 噁霉灵可湿性粉剂 4 500 倍液。

（五）专家告诫

敌磺钠、甲基硫菌灵使用注意事项参见本节"三、绵疫病",噁霉灵、多菌灵参见本节"五、猝倒病",苯菌灵参见本节"七、早疫病"。

十七、白粉病

（一）危害对象

可危害豆科蔬菜,如豇豆;茄科蔬菜,如茄子、番茄、辣椒;葫芦科蔬菜,如黄瓜、西葫芦、冬瓜、丝瓜;十字花科,如大白菜等多种蔬菜。

（二）危害症状与特点

1. **豇豆白粉病**　主要危害叶片,也可侵害茎蔓及荚。叶片染病,初于叶背现黄褐色斑点,扩大后呈紫褐色斑,其上覆盖一层稀薄白粉,后病斑沿叶脉发展,白粉布满全叶,严重的叶面也显症,致叶片枯黄,引起大量落叶(图31)。

2. **辣椒白粉病**　仅危害叶片。老叶、嫩叶均可染病。病叶正面初生褪绿小黄点,后扩展为边缘不明显的褪绿黄色斑驳。病部背面产出白粉状物,严重时病斑密布,终致全叶变黄。病害流行时,白粉迅速增加,覆满整个叶部,叶片产生离层,大量脱落形成光秆,严重影响产量和品质。

3. **番茄白粉病**　常发生在番茄生长中后期。病害危害叶片、叶柄、茎及果实。主要危害中部和下部叶片,初在叶面出现褪绿色小点,扩大后呈不规则粉斑,表面生白色絮状物。起初霉层较稀疏,渐稠密后呈毡状,病斑扩大连片或覆满整个叶面。有的病斑发生于叶背,则病部正面出现黄绿色边缘不明显斑块,后期整叶变褐枯死。其他部位染病,病部表面也产生白粉状霉斑。

4. **黄瓜白粉病**　苗期至收获期均可染病,叶片发病重,叶柄、茎次之,果实受害少。发病初期叶面或叶背及茎上产生白色近圆形星状小粉斑,以叶面居多,后向四周扩展成边缘不明显的连片白粉,严重时整叶布满白粉。发病后期,白色霉斑因菌丝老熟变为灰色,病叶黄枯(图32)。

5. **南瓜白粉病**　苗期、成株期均可发病。植株生长后期受害重,主要危害叶片、叶柄或茎。初期在叶片或嫩茎上出现白色小霉点,后扩大为1~2厘米的霉斑,条件适宜时,霉斑迅速扩大,且彼此连片,白粉状物布满整个叶片,白粉下面的叶组织先为淡黄色,后变褐色,后期变成灰白色,致叶片干枯卷缩,但不脱落,秋末霉斑上长出黑色小粒点。果实受害少。

6. **冬瓜白粉病**　主要危害叶片、叶柄和茎蔓,果实受害少。初发病时菌丝体生于叶的两面和叶柄上,先产生白色近圆形星状小粉斑,向四周扩展后形成边缘不明显的连片白粉,严重时布满整个叶面。秋季,白色霉斑因菌丝老熟,逐渐变成灰色,病叶黄枯,有的病部长出成堆的黄褐色小粒点,后变黑,即病菌闭囊壳。

7. 苦瓜白粉病　该病主要危害叶片,初生近圆形粉斑,直径4~6毫米,严重时粉斑密布于叶面上并互相连合,致叶片变黄,终致干枯,使植株生长及结瓜受阻,生育期缩短,产量降低。

8. 西葫芦白粉病　苗期、成株期均可发病。植株生长后期受害重,主要危害叶片、叶柄或茎;果实受害少,初在叶片或嫩茎上出现白色小霉点,后扩大,条件适宜,霉斑迅速扩大,且彼此连片,白粉状物布满整个叶片,致叶片黄枯或卷缩,但不脱落,秋末霉斑变成灰色,其上长出黑色粒点。

9. 白菜类白粉病　大白菜、小白菜、油菜等白菜类白粉病主要危害叶片、茎、花器及种荚,产生白粉状霉层。初为近圆形放射状粉斑,后布满各部,发病轻的,病变不明显,仅荚果略有变形;发病重的造成叶片褪绿黄化早枯,采种株枯死,种子瘦瘪。除危害白菜类外,还危害甘蓝类、芥菜类。

（三）有效药剂

白粉病的防治有效药剂:①取代苯,如百菌清。②三唑类,如四氟醚唑、三唑酮、氟硅唑、苯醚甲环唑、腈菌唑。③甲氧基丙烯酸酯类,如醚菌酯。④咪唑类,如氟菌唑。⑤抗生素类,如抗霉菌素120（农抗120）、武夷菌素。

（四）防治方法

1. 农业防治

（1）选用抗病品种

（2）清洁田园　收获后及时清除病残体,集中烧毁或深埋。

2. 物理防治　采用27%高脂膜乳剂80~100倍液,于发病初期喷洒在叶片上,形成一层薄膜,不仅可防止病菌侵入,还可造成缺氧条件使病菌死亡。一般隔5~6天喷1次,连续喷3~4次。

3. 生物防治　喷洒2%抗霉菌素120（农抗120）水剂或2%武

夷菌素水剂 200 倍液,隔 6~7 天再防 1 次。

4. 化学防治

(1)喷雾法 豇豆白粉病的防治适期为发病始见后 7~10 天或田间病株率 8%~10%,进入生长盛期至采收中后期的各类型大田。黄瓜白粉病的防治适期为发病始见后 7~10 天或田间病株率 5%~8%,进入生长盛期至采收中后期的各类型大田。发病初期可喷洒 4% 四氟醚唑水乳剂 800~1 000 倍液,或 15% 三唑酮可湿性粉剂 1 500 倍液,或 40% 氟硅唑乳油 8 000~10 000 倍液,或 10% 苯醚甲环唑水分散粒剂 2 000~3 000 倍液,或 25% 腈菌唑乳油 500~600 倍液,或 50% 醚菌酯水分散粒剂 4 000~5 000 倍液,或 30% 氟菌唑可湿性粉剂 1 500~2 000 倍液。视病情,隔 7~10 天喷 1 次,连喷 2~3 次。早预防、午前防、喷周到及大水量。

(2)熏烟法 棚室栽培可采用熏烟法,即用硫黄熏烟消毒,定植前几天,将棚密闭,每 100 米³ 用硫黄粉 250 克、锯末 500 克,掺匀后分别装入小塑料袋分放在室内,于晚上点燃熏一夜,也可每次每亩用 45% 百菌清烟剂 200~250 克,分放在棚内 4~5 处,用香或卷烟点燃发烟时闭棚,翌晨通风。采收前 7 天停止用药。

(五)专家告诫

1. 三唑类药剂 具有杀菌广谱的特点,对于多种病原真菌有很高的活性,有显著的防病治病效果,对植物的生长亦有较强的调节作用。随意套用标签在其他蔬菜上、习惯性加大使用浓度以及未掌握使用适期,导致药剂的高度累积抑制植物组织的呼吸作用,致使蔬菜植株生长异常。

三唑类杀菌剂作为土壤和种子处理,使用不当会出现出苗率降低、幼苗僵化的药害症状。表现为地上部分的伸长受到抑制。三唑类杀菌剂作为喷施处理,特别是结瓜之前使用浓度过大或者连续使用,就会阻止瓜苗正常生长,造成茎叶皱缩,也会使瓜果果形变小、植株或枝条缩短、节间缩短叶片变小、呈深绿,呈明显的药害症状,在苗期及结瓜初期要慎用这类药剂。丙环唑、戊唑醇、己唑醇等,在瓜菜营养生长期施用浓度过大时,会使植株生长缓慢,植物矮小、叶厚。

（1）丙环唑药害 要注意使用浓度不能低于 3 000 倍液,防止药害的发生。丙环唑残效期在 1 个月左右,注意不要连续使用。丙环唑高温下不稳定,使用温度最好不要超过 28℃,储存温度不得超过 35℃。丙环唑叶面喷雾常见的药害症状是幼嫩组织硬化、发脆、易折,叶片变厚,叶色变深,植株生长滞缓(一般不会造成生长停止)、矮化、组织坏死、褪绿、穿孔等,心叶、嫩叶出现坏死斑(图 33 至图 38)。种子处理会延缓种子萌发。在苗期使用易使幼苗僵化,抑制生长,花期和幼果期影响最大,灼伤幼果,尽在蔬菜生长中后期使用。

（2）三唑酮药害 对作物有抑制或促进作用。要按规定用药量使用,否则作物易受药害。用于拌种时,应严格掌握用量和充分拌匀,以防药害。持效期长,叶菜类应在收获前 10 ~ 15 天停止使用。不能与碱性农药混合使用。使用浓度过大,植株生长缓慢,叶片变小、皱缩,颜色呈深绿(图 39、图 40)。

（3）氟环唑药害 生产中发现豇豆对氟环唑较敏感,可造成叶缘焦枯、豆荚发黑干枯,如结果初期喷施,可使豆荚形成上粗下细,似鼠尾状(图 41)。

（4）戊唑醇药害 浓度过大会出现叶片皱缩,颜色深绿(图 42、图 43)。

（5）腈菌唑药害 对蔬菜有一定的刺激作用。

苯醚甲环唑、戊唑醇、腈菌唑等相对于氟硅唑、丙环唑、烯唑醇、三唑酮等安全性较高,在使用各种三唑类杀菌剂时,注意剂量和间隔时间。发生药害可用云大 120、芸薹素内酯、复硝酚钠,每隔 5 ~ 7 天喷施 1 次。

2.4% 四氟醚唑水乳剂 建议安全间隔期为 7 天,每个生长季最多用 3 次,建议与其他作用机制不同的杀菌剂交替使用,最好与保护性杀菌剂混合使用。

3.30% 氟菌唑可湿性粉剂 在黄瓜上的安全间隔期为 2 天,每个生长季最多用 2 次。高浓度用于瓜类前期时会发生深绿化症,应以规定浓度使用。建议与其他不同作用机制的杀菌剂轮换使用。避免与杀螟硫磷混合使用。

4.2%武夷菌素水剂　不可与强酸、强碱性农药混合使用,宜在晴天喷施,不要在大雨前后或露水未干以及阳光强烈的中午喷施。药液随配随用,不宜久存。

十八、锈病

(一)危害对象

可危害豇豆、菜豆等豆科蔬菜,也可危害葱蒜类蔬菜如葱、韭菜、大蒜等多种蔬菜。

(二)危害症状与特点

1. 豇豆锈病　主要发生在叶片上,严重时也危害叶柄和种荚。病初叶背产生淡黄色小斑点,逐渐变褐,隆起呈小脓疱状,表皮破裂后,散出红褐色粉末。到后期,散出黑色粉末。致叶片变形早落。有时叶脉种荚也产生小脓疱,种荚染病,不能食用。此外,叶正背两面有时可见稍凸起栗褐色粒点,在叶背面产出黄白色粗绒状物。

2. 大葱锈病　主要危害叶、花梗及绿色茎部。发病初期表皮上产出椭圆形稍隆起的橙黄色疱斑,后表皮破裂向外翻,散出橙黄色粉末,秋后疱斑变为黑褐色,破裂时散出暗褐色粉末(图44)。

3. 大蒜锈病　主要侵染叶片和假茎。病部初为梭形褪绿斑,后在表皮下现出圆形或椭圆形稍凸起橙黄色夏孢子堆,表皮破裂后散出橙黄色夏孢子,病斑四周具黄色晕圈,后病斑连片致全叶黄枯,植株提前枯死。生长后期,在未破裂的夏孢子堆上产出表皮不破裂黑色冬孢子堆。

(三)有效药剂

锈病的防治有效药剂:①三唑类,如三唑酮、烯唑醇、丙环唑、戊唑醇、氟硅唑。②咪唑类,如氟菌唑。③甲氧基丙烯酸,如醚菌酯。④酰胺类,如萎锈灵。⑤复配杀菌剂,如腈菌唑·代森锰锌。

(四)防治方法

1. 农业防治

(1)选用抗病品种

(2)加强田间管理　施足有机肥,增施磷、钾肥,提高寄主抗病力。

2. 化学防治　豇豆锈病的防治适期为发病始见后 8～12 天或田间病株率 8%～10%，进入生长盛期至采收中后期的各类型大田。发病初期喷洒 15% 三唑酮可湿性粉剂 1 000～1 500 倍液，或 12.5% 烯唑醇可湿性粉剂 1 500 倍液，或 25% 丙环唑乳油 3 000 倍液，或 43% 戊唑醇悬浮剂 3 000～4 000 倍液，或 40% 氟硅唑乳油 8 000～10 000 倍液，或 30% 氟菌唑可湿性粉剂 2 000～2 500 倍液，或 50% 醚菌酯干悬浮剂 3 000～4 000 倍液，或 50% 萎锈灵乳油 700～800 倍液，或 62.5% 腈菌唑·代森锰锌可湿性粉剂 200～300 倍液，隔 10 天喷 1 次，连续防治 2～3 次。

（五）专家告诫

1. 12.5% 烯唑醇可湿性粉剂　安全间隔期不得少于 21 天。不可与石硫合剂、波尔多液等碱性农药混合使用。并避免长期单一使用，以免病菌产生抗药性。可与多菌灵、代森铵等作用机制不同的其他杀菌剂轮换使用。喷药时期应在发病前，最迟也应在发病初期使用。

2. 62.5% 腈菌唑·代森锰锌可湿性粉剂　安全间隔期 14 天，每个生长季最多用 3 次。建议与其他作用机制不同的杀菌剂轮换使用，以延缓抗药性产生。不可与铜制剂和碱性农药混合使用。

十九、立枯病

（一）危害对象

寄主范围广，除危害茄科、瓜类蔬菜外，一些豆科、十字花科等蔬菜也能被害。

（二）危害症状与特点

刚出土的幼苗及大苗均能受害，但多发生于育苗的中后期，病苗茎基部变褐，初在茎部产生椭圆形或不整形暗褐色斑，逐渐凹陷，并向四面扩展，最后绕茎一周，造成病部收缩、干枯。早期病苗白天萎蔫，夜晚恢复，病害加重时逐渐枯死，枯死病苗多立而不倒，故称之为立枯病。病部具轮纹，在湿度大时，病部产生不十分明显的淡褐色蛛丝状霉。

(三)有效药剂

立枯病的防治有效药剂可分为以下几类:①取代苯类,如敌磺钠。②硫代氨基甲酸酯类,如福美双。③有机磷类,如甲基立枯磷。④噁唑类,如噁霉灵。⑤氨基甲酸酯类,如霜霉威盐酸盐。⑥抗生素类,如井冈霉素。⑦复配杀菌剂,如拌种灵·福美双。

(四)防治方法

1. 农业防治

(1)轮作　与禾本科作物轮作可减轻发病。

(2)加强苗床管理　苗床要选择背风向阳、地势高燥、排水良好的地块。床土不能使用种过辣椒等茄果类和瓜类的土壤;育苗肥要充分发酵腐熟,早春育苗要采用电热温床和加温温室床架等方法,保持一个良好的幼苗生长条件,培育出较抗病的壮苗;种子要经过浸种催芽,缩短种子在土壤中的时间,选择有连续晴天的日子播种,苗床土壤温度要求保持在16℃以上,气温保持在20～30℃;播种时要适当稀播,出齐苗以后,要适当通风,防止苗床湿度大;经常保持育苗设备透光良好,增加光照,促进秧苗健壮生长,提高抗侵染能力;发现病苗要及时挖出,并在原位置撒一些生石灰。做好苗床松土工作,降低土壤水分。

2. 物理防治　茄科类、瓜类蔬菜可温汤浸种,既可杀死种子上携带的病菌,又可起到催芽的作用。将种子置于55℃水中,搅动15分,待水温降至30℃后,停止搅拌,再浸泡6～8小时,将经浸泡处理的种子用湿布包好,然后置于28～30℃环境条件下催芽。

3. 化学防治

(1)药剂拌种　茄科类蔬菜可用种子重量0.2%～0.3%的40%拌种灵·福美双可湿性粉剂,或75%敌磺钠可溶性粉剂拌种。

(2)生长期防治　在发病初期喷淋可降低病害的发生,可用20%甲基立枯磷乳油1 500倍液,或5%井冈霉素水剂1 500倍液,或70%甲基硫菌灵可湿性粉剂800倍液,或15%噁霉灵水剂500倍液,或72.2%霜霉威盐酸盐水剂800倍液,每平方米2～3升。

（五）专家告诫

井冈霉素安全间隔期 14 天。粉剂在晴朗天气可早、晚两头趁露水未干时喷药,夜间喷药效果较好,阴雨天可全天喷药,风力大于 3 级时不宜喷粉。长期大量使用,会产生抗药性,最好与其他农药混合使用或交替使用,可与多种杀虫剂混合使用,也可与非碱性杀菌剂混合使用。

二十、菌核病

（一）危害对象

可危害番茄、辣椒、茄子、黄瓜、莴苣、西葫芦等。

（二）危害症状与特点

1. 茄子菌核病 整个生育期均可发病。苗期发病始于茎基,病部初呈浅褐色水渍状,湿度大时,长出白色棉絮状菌丝,呈软腐状,无臭味,干燥后呈灰白色,菌丝集结为菌核,病部缢缩,茄苗枯死。成株期各部位均可发病,先从主茎基部或侧枝 5～20 厘米处开始,初呈淡褐色水渍状病斑,稍凹陷,渐变灰白色,湿度大时也长出白色絮状菌丝,皮层霉烂,在病茎表面及髓部形成黑色菌核,干燥后髓空,病部表皮易破裂,纤维呈麻状外露,致植株枯死（图45、图46）;叶片受害也先呈水浸状,后变为褐色圆斑,有时具轮纹,病部长出白色菌丝,干燥后斑面易破;花蕾及花受害,现水渍状湿腐,终致脱落;果柄受害致果实脱落;果实受害端部或向阳面初现水渍状斑,后变褐腐,稍凹陷,斑面长出白色菌丝体,后形成菌核。

2. 辣椒菌核病 危害辣椒整个生长期。苗期染病茎基部初呈水渍状浅褐色斑,后变棕褐色。潮湿时皮层腐烂,上生白色菌丝体,干后呈灰白色,茎部变细,最后全株死亡;成株期主要发生在距地面 5～20 厘米处的茎部和枝杈处,病部初呈水渍状淡褐色斑,后变为灰白色,向茎部上、下扩展,湿度大时,病部内、外生白色菌丝体,茎部皮层霉烂,并形成许多黑色鼠粪状菌核,最后引起落叶、枯萎死亡;果实染病,果面先变褐色,呈水渍状腐烂,逐渐向全果扩展,有的先从脐部开始向果蒂扩展至整果腐烂,表面长出白色菌丝体,后形成黑色不规则菌核,引起落果。

3. 黄瓜菌核病　塑料棚、温室或露地黄瓜均可发病,但以塑料大棚黄瓜受害重,从苗期至成株期均可被侵染。主要危害果实和茎蔓。果实染病多在残花部,先呈水浸状腐烂,并长出白色菌丝,后菌丝纠结成黑色菌核。茎蔓染病初在近地面的茎部或主侧枝分杈处,产生褪色水浸状斑,后逐渐扩大呈淡褐色,高湿条件下,病茎软腐,长出白色棉毛状菌丝。病茎髓部遭破坏腐烂中空,或纵裂干枯。叶柄、叶、幼果染病初呈水浸状并迅速软腐,后长出大量白色菌丝,菌丝密集形成黑色鼠粪状菌核。一般长在腐败了的茎基部,或烂叶、叶柄、瓜条等组织上,茎表皮纵裂,但木质部不腐败,故植株不表现萎蔫,病部以上叶、蔓萎凋枯死。

4. 莴苣菌核病　该病发生于结球莴苣的茎基部,或茎用莴苣的基部,染病部位多呈褐色水渍状腐烂,湿度大时,病部表面密生棉絮状白色菌丝体后形成菌核。菌核初为白色,后逐渐变成鼠粪状黑色颗粒状物。染病株叶片凋萎终致全株枯死。

5. 西葫芦菌核病　主要危害西葫芦果实及茎蔓。果实染病,残花部先呈水浸状腐烂,后长出白色菌丝,菌丝上散生鼠粪状黑色菌核。茎蔓染病,初呈水浸状,病部变褐,后也长出白色菌丝和黑色菌核,病部以上叶、茎蔓枯死。

6. 芹菜菌核病　主要危害芹菜茎、叶。受害部初呈褐色水浸状,湿度大时形成软腐,表面生白色菌丝,后形成鼠粪状黑色菌核。

(三)有效药剂

菌核病的防治有效药剂可分为以下几类:①取代苯类,如甲基硫菌灵、百菌清。②二甲酰亚胺类,如乙烯菌核利、异菌脲、腐霉利。③有机磷类,如甲基立枯磷。④苯并咪唑类,如多菌灵盐酸盐。

(四)防治方法

1. 农业防治

(1)选用抗病品种

(2)轮作　有条件的与水生作物轮作,或夏季把病田灌水浸泡半个月,或收获后及时深翻,深度要求达到20厘米。将菌核埋入深层,抑制子囊盘出土。

(3)清洁田园 及时摘除病叶或拔除病株深埋。

(4)降低湿度 棚室上午以闷棚提温为主,下午及时放风排湿,发病后可适当提高夜温以减少结露,早春日均温度控制在29℃或31℃,相对湿度低于65%可减少发病,防止浇水过量,土壤湿度大时,适当延长浇水间隔期。

2.化学防治

(1)熏烟法 用10%腐霉利烟剂或45%百菌清烟剂,每次每亩200~250克,熏一夜,隔8~10天1次,连续或与其他方法交替防治3~4次。

(2)喷雾法 可用50%腐霉利可湿性粉剂1 500倍液,或50%乙烯菌核利可湿性粉剂1 000倍液,或60%多菌灵盐酸盐超微粉600倍液,或20%甲基立枯磷乳油1 000倍液,或50%异菌脲可湿性粉剂1 500倍液加70%甲基硫菌灵可湿性粉剂1 000倍液于盛花期喷雾,隔8~9天1次,连续防治3~4次。

(3)涂抹法 病情严重时,除正常喷雾外,还可把上述杀菌剂对成50倍液,涂抹在瓜蔓病部,不仅控制扩展,还有治疗作用。

(五)专家告诫

百菌清使用注意事项参见本节"一、霜霉病",甲基立枯磷参见本节"二、疫病",甲基硫菌灵参见本节"三、绵疫病"。腐霉利、异菌脲、乙烯菌核利参见本节"六、灰霉病",

第二节

细菌病害

一、软腐病

(一)危害对象

可危害十字花科蔬菜,如白菜、甘蓝、萝卜;茄科蔬菜,如马铃薯、番茄、辣椒;豆科蔬菜;瓜类,如黄瓜,以及莴苣、芹菜、胡萝卜、葱、蒜类等蔬菜。

(二)危害症状与特点

1. 白菜软腐病　白菜苗期、莲座期、包心期均可发病。以莲座期至包心期为主,病部软腐,有臭味。发病初期外叶萎蔫,叶柄基部腐烂,病叶歪倒(图47),露出叶球,也有的茎基部腐烂并蔓延至心部,有少数菜株外叶湿腐,干燥时烂叶干枯呈薄纸状紧裹住叶球,或叶球内外叶较好,内部菜叶自边缘向内腐烂。

2. 甘蓝软腐病　甘蓝软腐病为细菌病害。该病一般结球期开始发病,初在外叶或叶球基部出现水浸状斑,植株外层包叶中午萎蔫,早、晚恢复,数天后外层叶片不再恢复,病部开始腐烂,叶球外露或植株基部逐渐腐烂成泥状,或塌倒溃烂,叶柄或茎基部的组织呈灰褐色软腐,严重的全株腐烂,病部散发出恶臭味(图48)。

3. 番茄软腐病　危害番茄茎和果实。茎部发病多始于整枝、打杈造成的伤口,严重的髓部腐烂,失水后病变组织干缩中空,病部维管束完整无损,病茎上端枝叶萎蔫,叶色变黄。果实感病主要在成熟期,果实的虫伤、日灼处开始发病。果实果皮虽保持完整,但内部果肉腐烂、有恶臭(图49)。

4. 辣椒软腐病　辣椒主要发生在未成熟和未变色的青果及茎上,辣椒感病初期,叶上出现褪色小斑,逐渐扩大呈淡黄色不规则形圆斑,后变为半透明、中央稍凹陷而薄的斑块,边缘略隆起;茎上病斑纺锤形,中央呈灰色,边缘黑色;果实发病,病部呈暗绿色,后变为暗褐色不规则形斑块,边缘水浸状,病果除表皮外,内部组织全部腐烂,有特殊臭味,失水后,仅残留一薄层污白色皮层,整个果实失水后干缩,悬挂枝头或遇外力脱落(图50)。

5. 茄子软腐病　主要危害果实。病果初生水渍状斑,后致果肉腐烂,具恶臭,外果皮变褐,失水后干缩,挂在枝杈或茎上。

6. 芹菜软腐病　芹菜主要发生于叶柄基部或茎上,先出现水浸状、淡褐色纺锤形或不规则形的凹陷斑,后呈湿腐状,变黑发臭,仅残留表皮。

7. 生菜软腐病　常在生长中后期开始发生,多从植株基部伤口处开始侵染,初呈水浸状半透明状,以后病部扩大成不规则形,充满浅灰褐色黏稠物,并释放出恶臭气味,随病情发展病害沿基部向上快速扩展,使整个菜球腐烂。有时病菌也从外叶叶缘和叶球顶部开始侵染,引起腐烂。

8. 大蒜软腐病　大蒜染病后,先从叶缘或中脉发病,沿叶缘或中脉形成黄白色条斑,可贯穿整个叶片,湿度大时,病部呈黄褐色软腐状。一般脚叶先发病,后逐渐向上部叶片扩展,致全株枯黄或死亡。

(三)有效药剂

软腐病的防治有效药剂可分为以下几类:①铜制剂:络氨铜、氢氧化铜、琥胶肥酸铜、噻菌铜。②抗生素类,如农用硫酸链霉素、新植霉素。③复配杀菌剂,如春雷霉素·氧氯化铜。

(四)防治方法

1. 农业防治

(1)选用抗病品种

(2)轮作　病田避免连作,与非茄科蔬菜,进行 2 年以上轮作。

(3)清洁田园　清除田间病残体,精细整地,暴晒土壤,促进病残体分解。发现病株及时挖除并撒入生石灰消毒。

(4)加强田间管理　适时播种,适期定苗;增施基肥,及时追肥;采用高垄栽培,雨后及时排水,发病期减少浇水或暂停浇水,保护地栽培要加强放风,防止棚内湿度过高。

2. 化学防治　发病初期可用 14% 络氨铜水剂 200 ~ 400 倍液,或 77% 氢氧化铜可湿性粉剂 800 ~ 1 000 倍液,或 30% 琥胶肥酸铜可湿性粉剂 400 ~ 600 倍液,或 20% 噻菌铜悬浮剂 600 ~ 800 倍液喷雾,或 47% 春雷霉素·氧氯化铜可湿性粉剂 700 倍液,或 72% 农用硫酸链霉素可溶性粉剂或 72% 新植霉素粉剂 3 000 ~ 4 000 倍液喷雾,视病情间隔 7 ~ 10 天喷 1 次,重点喷洒病株基部及地表,视病情连续防治 2 ~ 3 次。

（五）专家告诫

1. 20%噻菌铜悬浮剂　在黄瓜上安全间隔期为 3 天,每个生长季不超过 3 次。大白菜安全间隔期为 7 天,每个生长季不超过 2 次。在发病初期使用,采用喷雾或弥雾。使用时先用少量水将悬浮剂搅拌成浓液,然后加水稀释。

2. 72%农用硫酸链霉素可溶性粉剂　安全间隔期7 天。切勿与碱性农药或污水混合使用。药剂使用时应现配现用,药液不能久存。建议与其他作用机制不同的杀菌剂轮换使用,以延缓抗性产生。喷药 8 小时遇雨,应在晴天后补喷。

3. 72%新植霉素粉剂　本药剂不能和碱性农药、农用抗生素及有机磷类农药混合使用。使用本药剂时可在药液中加 0.1%的中性洗衣粉,可提高防效。在蔬菜发病前或发病初期使用效果好。喷药时应将叶片正反两面均匀分布,不漏喷。可与酸性农药混合使用,现配现用。

二、黑腐病

（一）危害对象

主要危害十字花科蔬菜,如白菜、甘蓝、花椰菜、萝卜等。

（二）危害症状与特点

1. 白菜黑腐病　幼苗出土前染病不出苗,出土后染病子叶呈水浸状,根髓部变黑,幼苗枯死。成株染病,引起叶斑或黑脉,叶斑多从叶缘向内扩展,形成"V"字形黄褐色枯斑,斑周围组织淡黄色,与健部界限不明显;有时病菌沿叶脉向里扩展,形成大块黄褐色斑或网状黑脉。从伤口侵入时,可在叶片任何部位形成不规则的褐斑,扩展后致周围叶肉变褐色枯死。叶帮染病,病菌沿维管束向上扩展,呈淡褐色,造成部分菜帮干腐,致叶片歪向一边,有的产生离层脱落。与软腐病并发时,易加速病情扩展,致茎或茎基腐烂,轻者根短缩茎维管束变褐,严重的植株萎蔫或倾倒,纵切可见髓部中空。种株染病,仅表现叶片脱落,花薹髓部变暗,后枯死,该病腐烂时不臭,别于软腐病。

2. 甘蓝黑腐病　主要危害叶片,叶球或球茎。子叶染病呈水浸状,后迅速枯死或蔓延到真叶。真叶染病,病菌由水孔侵入的引起叶缘发病,呈"V"字形病斑(图51);从伤口侵入的,可在叶部任何部位形成不规则形的淡褐色病斑,边缘常具黄色晕圈,病斑向两侧或内部扩展,致周围叶肉变黄或枯死。病菌进入茎部维管束后,逐渐蔓延到球茎部或叶脉及叶柄处,引起植株萎蔫,至萎蔫不再复原,剖开球茎,可见维管束全部变为黑色或腐烂,但不臭,干燥条件下球茎黑心或呈干腐状,别于软腐病。

3. 萝卜黑腐病　主要危害叶和根。叶片染病,叶缘现出"V"字形病斑,叶脉变黑,叶缘变黄,后扩及全叶。根部染病导管变黑,内部组织干腐,外观往往看不现明显症状,但髓部多成黑色干腐状,后形成空洞。田间多并发软腐病,终成腐烂状。

(三)有效药剂

黑腐病的防治有效药剂可分为以下几类:①铜制剂,如络氨铜、噻菌铜、氢氧化铜、硝基腐殖酸铜。②抗生素类,如农用硫酸链霉素、新植霉素。③复配杀菌剂,如春雷霉素·氧氯化铜。

(四)防治方法

1. 农业防治

(1)选用抗病品种　种植抗病品种,从无病地或无病株采种。

(2)轮作　与非十字花科蔬菜进行 2～3 年轮作。

(3)清洁田园　收获后及时清洁田园。

(4)加强田间管理　适时播种,适期蹲苗,避免过旱过涝,及时防治地下害虫。

2. 化学防治

(1)种子处理　白菜、萝卜可用50%琥胶肥酸铜可湿性粉剂按种子重量的0.4%拌种;萝卜也可用50%福美双可湿性粉剂按种子重量的0.2%拌种。

(2)生长期防治　发病初期开始喷洒72%农用硫酸链霉素可溶性粉剂或72%新植霉素粉剂 3 000～4 000 倍液,或14%络氨铜水剂300 倍液,或用20%噻菌铜悬浮剂 500 倍液,或用77%氢氧化铜可湿性粉剂 500 倍液,或 53.8% 氢氧化铜水分散粒剂 600 倍液,或 30% 硝基腐殖酸铜可湿性粉剂 800 倍液,或 47% 春雷霉素·氧氯化铜可湿性粉剂 700 倍液,进行防治。隔 7~10 天喷 1 次,连续防治 3~4 次。

(五)专家告诫

春雷霉素·氧氯化铜使用注意项参见本章第一节"四、绵腐病",氢氧化铜参见本章第一节"七、早疫病",络氨铜参见本章第一节"九、斑枯病",新植霉素、农用硫酸链霉素、噻菌铜参见本节"一、软腐病"。

三、青枯病

(一)危害对象

主要危害茄果类蔬菜,如番茄、茄子、辣椒、马铃薯等。

(二)危害症状与特点

1. 辣椒青枯病 一般在苗期不发病,常在辣椒结果后才开始表现症状,至盛夏时发病最为严重。发病初期植株顶部叶片萎蔫下垂,接着下部叶片凋萎,最后中部叶片凋萎。也有一侧叶片先萎蔫或整株叶片同时萎蔫的。发病初期,病株白天萎蔫重,夜晚尚可恢复,2~3 天后全株萎蔫死亡。死株仍保持绿色,但色泽稍淡。病株根部常变褐腐烂,病茎表皮粗糙,茎中下部增生不定根,部分病茎可见 1~2 厘米大小褐色病斑。近地面茎部皮层呈粗糙褐色水浸状。纵切茎部可见木质部淡褐色,横切茎部保湿后手指挤压断面有白色混浊黏液溢出,最后病株黄枯而死(图52、图53)。

2. 马铃薯青枯病 病株稍矮缩,叶片浅绿或苍绿,下部叶片先萎蔫后全株下垂,开始早、晚恢复,持续 4~5 天后全株茎叶全部萎蔫死亡,但仍保持青绿色,叶片不凋落,叶脉褐变,茎出现褐色条纹,横剖可见维管束变褐,湿度大时,切面有细菌液溢出。块茎染病,轻的不明显,重的脐部呈灰褐色水浸状,切开薯块,维管束圈变褐,挤压时溢出白色黏液,但皮肉不从维管束分离,严重时外皮龟裂,髓部溃烂如泥,别于枯萎病。

（三）有效药剂

青枯病的防治有效药剂可分为以下几类：①铜制剂，如络氨铜、氢氧化铜。②噁唑类，如噁霉灵。③抗生素类，如农用硫酸链霉素。④其他类，如乙蒜素。

（四）防治方法

1. 农业防治

（1）轮作　最好是水旱轮作。

（2）清除病残体　结合整地每亩撒施 50～100 千克生石灰，使土壤呈微碱性，增施草木灰或钾肥也有良好效果。有机肥要充分发酵消毒。

（3）加强田间管理　适期播种，培育壮苗、无病苗；适当控制浇水，严禁大水漫灌，高温季节应在清晨或傍晚浇水；植株生长早期应进行深中耕，其后宜浅耕；至生长旺盛后期则停止中耕，以免损伤根系。

2. 化学防治

（1）喷雾法　发病期要预防性喷药，常用农药有 80% 乙蒜素乳油 1 500 倍液，或 14% 络氨铜水剂 300 倍液，或 77% 氢氧化铜可湿性微粒粉剂 500 倍液，或 72% 农用硫酸链霉素可溶性粉剂 4 000 倍液，每隔 7～10 天喷 1 次，连续防治 3～4 次。

（2）灌根　进入坐果期或发现病株后用 80% 乙蒜素乳油 1 500 倍液，或 77% 氢氧化铜可湿性粉剂 500 倍液，或 72% 农用硫酸链霉素可溶性粉剂 4 000 倍液灌根，每株灌对好的药液 250 毫升，每隔 10～15 天灌 1 次，连续灌 2～3 次。

（五）专家告诫

乙蒜素不能与碱性农药混合使用。遇铁易分解，配制时不可用铁制容器，应随配随用。浸过药液的种子不得与草木灰接触，以免影响药效。经乙蒜素处理过的种子不能食用或作饲料。该药剂对皮肤和黏膜有强烈刺激作用，操作中人员须注意防护，如有污染应及时清洗。如果在黄瓜上过量使用乙蒜素灌根，可致叶缘及叶脉间水烫状枯死，整株萎蔫（图54）。

四、叶枯病

(一)危害对象

主要危害黄瓜、西葫芦等。

(二)危害症状与特点

1. 黄瓜细菌性叶枯病　主要侵染叶片,叶片上初现圆形的水浸状褪绿斑,逐渐扩大呈近圆形或多角形的褐色斑,直径1~2毫米,周围具有褪绿晕圈,病叶背面不易见到菌脓,别于细菌性角斑病。除危害黄瓜外,还可侵染西瓜、西葫芦,症状与黄瓜相似。

2. 西葫芦细菌性叶枯病　主要危害叶片,有时也危害叶柄和幼茎。幼叶染病,病斑出现在叶正面,呈黄化区,但不大明显,叶背面出现水渍状小点,后病斑变为黄色至黄褐色圆形或近圆形,直径1~2毫米,病斑中间半透明,斑四周具黄色晕圈,菌脓不明显或很少,有时侵染叶缘,引致坏死。苗期生长点染病,可造成幼苗死亡,扩展速度快。幼茎染病,茎基部有的裂开。

(三)有效药剂

叶枯病的防治有效药剂可分为以下几类:①铜制剂,如琥胶肥酸铜、络氨铜、氢氧化铜。②抗生素类,如农用硫酸链霉素。

(四)防治方法

1. 农业防治

(1)清洁田园　及时清除病残体。

(2)加强苗床管理　用腐熟厩肥作底肥,及时通风,控制苗床温湿度,培育无病壮苗。

(3)加强田间管理　合理密植,增施有机肥,提倡施用酵素菌沤制的堆肥,抑制有害微生物,合理使用氮肥,增施磷、钾肥,或施用氨基酸叶面营养调节剂、复硝酚钠等,提高寄主抗病能力;定植后及时松土、追肥,雨季及时排水。

2. 化学防治　发病初期或蔓延开始期喷洒14%络氨铜水剂300倍液,或30%琥胶肥酸铜可湿性粉剂300倍液,或77%氢氧化铜可湿性粉剂400倍液,或72%农用硫酸链霉素可溶性粉剂4 000倍液,隔 7 ~ 10 天喷 1 次,连喷 2 ~ 3 次。

（五）专家告诫

氢氧化铜使用注意事项参见本章第一节"七、早疫病",络氨铜参见本章第一节"九、斑枯病",琥胶肥酸铜参见本章第一节"十、叶枯病",农用硫酸链霉素参见本节"一、软腐病"。

五、疮痂病

（一）危害对象

可危害辣椒、番茄、马铃薯。

（二）危害症状与特点

1. 辣椒疮痂病　该病主要发生于辣椒幼苗与成株叶片、茎部与果实上,以叶片最常见。其典型症状是发病部位隆起疮痂状的小黑点而引起落叶。幼苗发病后叶片产生银白色水浸状小斑点,后变为暗色凹陷的病斑,可引起全株落叶。成株期叶片染病之初的小斑点,呈圆形或不规则形,边缘暗褐色稍隆起,中央颜色较淡略凹陷,病斑表面粗糙,常有几个病斑连在一起形成大病斑。如果病斑沿叶脉发生常造成叶片畸形。受害的茎、叶柄及果梗,在其上形成不规则的条斑,后木栓化并隆起、纵裂呈疮痂状。果实被侵染,初为暗褐色隆起的小点或为带水渍状边缘的疱疹,逐渐扩大为圆形或长圆形的黑色疮痂斑,潮湿时可见菌脓从病部溢出(图 55)。

2. 番茄疮痂病　危害叶、茎、果。近地面老叶先发病,先在叶背出现水浸状暗绿色斑点,扩大后形成近圆形或不规则形的褐色病斑,病斑边缘明显,四周具黄色环形窄晕环,内部较薄。病茎先出现水浸状暗绿色至黄褐色不规则病斑,病部稍隆起,裂开后呈疮痂状。危害着色前的幼果和青果,先出现水浸状褪绿圆形病斑,四周具稍隆起的白色小点,后中间凹陷呈暗褐色或黑褐色隆起环斑,呈疮痂状是该病重要特征。

3. 马铃薯疮痂病　马铃薯块茎表面先产生褐色小点,扩大后形成褐色圆形或不规则形大斑块,因产生大量木栓化细胞致表面粗糙,后期中央稍凹陷或凸起呈疮痂状硬斑块。病斑仅限于皮部,不深入薯内。

（三）有效药剂

疮痂病的防治有效药剂可分为以下几类：①铜制剂,如琥胶肥酸铜、氢氧化铜、络氨铜。②抗生素类,如农用硫酸链霉素、新植霉素。③复配杀菌剂,如春雷霉素·氧氯化铜。

（四）防治方法

1. 农业防治

（1）选用抗病品种　采用无病种子或无病种薯。

（2）轮作　辣椒、番茄疮痂病重病田实行与十字花科或禾本科作物 2～3 年轮作;马铃薯疮痂病常年发生的地块与葫芦科、豆科、百合科蔬菜进行 5 年以上轮作。

（3）清洁田园　收获后,要及时清除植株残体和自生苗,以防翻入地下翌年侵染。

（4）加强田间管理　马铃薯疮痂病常年发生的地块多施有机肥或绿肥,可抑制发病;选择保水好的菜地种植,结薯期遇干旱应及时浇水。

2. 化学防治

（1）种子处理　辣椒、番茄可将种子先用清水浸泡 10～12 小时后,再用 0.1% 硫酸铜溶液浸种 6 分,捞出后用清水冲洗干净,晾干后即可播种。马铃薯种薯可在播前用福尔马林 120 倍液浸种 4 分。

（2）培育无病苗　在没有种过辣椒或番茄的地块或温室育苗,移栽和定植工具用 0.1% 硫酸铜溶液处理。

（3）生长期防治　辣椒、番茄疮痂病防治,在大雨过后和发病初期,喷洒 30% 琥胶肥酸铜可湿性粉剂 300 倍液,或 77% 氢氧化铜可湿性粉剂 400～500 倍液,或 25% 络氨铜水剂 500 倍液,或 72% 农用硫酸链霉素可溶性粉剂或 72% 新植霉素可湿性粉剂 4 000～5 000 倍液,或 47% 春雷霉素·氧氯化铜可湿性粉剂 600 倍液。每隔 7～10 天防治 1 次,连续防治 1～2 次。

（五）专家告诫

春雷霉素·氧氯化铜使用注意事项参见本章第一节"四、绵腐病",氢氧化铜参见本章第一节"七、早疫病",络氨铜参见本章第一节"九、斑枯病",琥胶肥酸铜参见本章第一节"十、叶枯病",农用硫酸链霉素、新植霉素参见本节"一、软腐病"。

第三节

病 毒 病

一、危害对象

可危害多种蔬菜。

二、危害症状与特点

（一）番茄病毒病

番茄病毒病主要有以下类型：

1. 花叶型　表现为叶片黄绿相间，或深浅相间斑驳，叶片略有皱缩，明脉，花少果小而劣，病株较健株略矮。

2. 蕨叶型　表现为植株不同程度矮化，上部叶片开始全部或部分变成线状，中下部叶片向上微卷，花冠加长增大，形成巨花，结果少而小。

3. 条斑型　叶、茎、果等不同部位症状不同，在叶片上为茶褐色的斑点或云纹，在茎和果实上为黑褐色斑块，变色部分仅处在表层组织，不深入茎、果内部，严重时植株死亡。果实畸形，坚硬，条斑凹陷（图56）。

4. 斑萎型　其症状变化大。苗期染病，幼叶变为铜色上卷，后形成许多小黑斑，叶背面沿叶脉呈紫色，有的生长点死掉，茎端形成褐色坏死条斑，病株仅半边生长或完全矮化或落叶呈萎蔫状，发病早的不结果。坐果后染病，果实上出现褪绿环斑，绿果略凸起，轮纹不明显，青果上产生褐色坏死斑，呈瘤状突起，果实易脱落。成熟果实染病轮纹明显，红黄或红白相间，褪绿斑在全色期明显，严重的全果僵缩。

5. 黄化曲叶型　染病番茄植株矮化,生长缓慢或停滞,顶部叶片常稍褪绿发黄、变小,叶片边缘上卷,叶片增厚,叶质变硬,叶背面叶脉常显紫色(图57)。生长发育早期染病植株严重矮缩,无法正常开花结果;生长发育后期染病植株仅上部叶和新芽表现症状,结果数减少,果实变小,成熟期果实着色不均匀(红不透),基本失去商品价值。

6. 卷叶型　表现为叶脉间黄化,叶片边缘上卷,小叶呈球形,扭曲成螺旋状畸形,整个植株萎缩,有时丛生,染病早的,多不能开花结果。

7. 巨芽型　表现为顶部及叶腋长出的芽大量分枝或叶片呈线状、色淡,致芽变大且畸形,病株多不能结果,或呈圆锥形坚硬小果。

(二)辣椒病毒病

辣椒病毒病常见的有花叶、黄化、坏死和畸形等4种症状。

1. 花叶　分为轻型花叶和重型花叶两种类型:轻型花叶病叶初现明脉轻微褪绿,或现浓、淡绿相间的斑驳,病株无明显畸形或矮化,不造成落叶(图58);重型花叶除表现褪绿斑驳外,叶面凹凸不平,叶脉皱缩畸形,或形成线形叶,生长缓慢,果实变小,严重矮化(图59)。

2. 黄化　病叶明显变黄,出现落叶现象。

3. 坏死　病株部分组织变褐坏死,表现为条斑,顶枯,坏死斑驳及环斑等。

4. 畸形　病株变形,如叶片变成线状,即蕨叶,或植株矮小,分枝极多,呈丛枝状。有时几种症状同在一株上出现,或引起落叶、落花、落果,严重影响辣椒的产量和品质。

(三)茄子病毒病

茄子病毒病症状类型复杂,常见有以下3种症状:

1. 花叶型　整株发病,叶片黄绿相间,形成斑驳花叶,老叶产生圆形或不规则形暗绿色斑纹,心叶稍显黄色。

2. 坏死斑点型　病株上位叶片出现局部侵染性紫褐色坏死斑,

直径 0.5～1 毫米,有时呈轮点状坏死,叶面皱缩,呈高低不平萎缩状。

3. **大型轮点型** 叶片产生由黄色小点组成的轮状斑点,有时轮点也坏死,病株结果性能差,多成畸形果。

(四)黄瓜花叶病毒病

黄瓜花叶病毒病多全株发病。苗期染病子叶变黄枯萎,幼叶现浓绿与淡绿相间花叶状。成株染病新叶呈黄绿镶嵌状花叶,病叶小略皱缩,严重的叶反卷,病株下部叶片逐渐黄枯。瓜条染病,表现深绿与浅绿相间疣状斑块,果面凹凸不平或畸形,发病重的节间短缩,簇生小叶,不结瓜,致萎缩枯死。

(五)冬瓜病毒病

冬瓜病毒病又称花叶病。冬瓜病毒病致冬瓜呈全株性系统花叶或瓜畸形,发病早的病株节间缩短或矮化,花期叶片出现褪绿黄斑,逐渐形成斑驳或大型环斑,致整个叶片凹凸不平,有些品种呈明脉或沿叶脉变色。

(六)苦瓜病毒病

全株受害,尤以顶部幼嫩茎蔓症状明显。早期感病株叶片变小、皱缩,节间缩短,全株明显矮化,不结瓜或结瓜少;中期至后期染病,中上部叶片皱缩,叶色浓淡不均,幼嫩蔓梢畸形,生长受阻,瓜小或扭曲。

(七)南瓜病毒病

南瓜病毒病主要表现叶绿素分布不均,叶面出现黄斑或深浅相间斑驳花叶,有时沿叶脉叶绿素浓度增高,形成深绿色相间带,严重的致叶面呈现凹凸不平,叶脉皱曲变形。一般新叶症状较老叶明显。病情严重的,茎蔓和顶叶扭缩,果实染病出现褪绿斑。开花结果后病情趋于加重。

(八)丝瓜病毒病

幼嫩叶片感病呈浅绿与深绿相间斑驳或褪绿小环斑。老叶染病现黄色环斑或黄绿相间花叶,叶脉抽缩致叶片歪扭或畸形。发病严重的叶片变硬、发脆,叶缘缺刻加深,后期产生枯死斑。果实发病,病果呈螺旋状畸形,或细小扭曲,其上产生褪绿斑(图60)。

（九）西葫芦病毒病

西葫芦病毒病呈系统花叶或系统斑驳。叶上有深绿色疱斑,重病株上部叶片畸形呈鸡爪状,植株矮化,叶片变小,致后期叶片黄枯或死亡(图61)。病株结瓜少或不结瓜,瓜面具瘤状突起或畸形(图62)。

（十）豇豆病毒病

豇豆病毒病多表现系统性症状。叶片出现深、浅绿相间的花叶。有时可形成绿色脉带和萎缩、卷叶等症状。

（十一）萝卜病毒病

花叶型多整株发病,叶片现出叶绿素不均,深绿和浅绿相间,有时发生畸形,有的沿叶脉产生耳状突起。

（十二）芹菜病毒病

全株染病。发病初期叶片皱缩,呈现浓、淡绿色斑驳或黄色斑块,表现为明显的黄斑花叶。严重时,全株叶片皱缩不长或黄化、矮缩。

（十三）莙荙菜病毒病

苗期、成株期均可发病。幼苗受害,叶片现黄花叶,心叶则多呈皱缩花叶,严重影响幼苗生长发育。成株发病,症状有花叶、卷叶、畸形皱缩、叶组织增厚以至叶尖或叶缘变黑焦枯等多种,单独出现或混合出现,致植株发育受阻,甚至萎缩,对产量和品质影响很大。

（十四）大蒜病毒病

发病初期,沿叶脉出现断续黄条点,后连接成黄绿相间长条纹,植株矮化,且个别植株心叶被邻近叶片包住,呈卷曲状畸形,长期不能完全伸展,致叶片扭曲。病株鳞茎变小,或蒜瓣及须根减少,严重的蒜瓣僵硬,储藏期尤为明显,感病大蒜产量和品质明显下降,造成种性退化。

三、有效药剂

病毒病的防治有效药剂可分为以下几类:①抗生素类,如宁南霉素。②生物源类,如葡聚烯糖。③复配制剂,如硫酸铜·三十烷醇·十二烷基硫酸钠、盐酸吗啉胍·乙酸铜。④其他类,如菌毒清、菇类蛋白多糖。

四、防治方法

1. 农业防治

(1)选用抗病品种

(2)清洁田园 生长期间发现感病植株,及时拔除并掩埋。作物收获后,彻底清除植株秸秆、落叶和周边的各种杂草,保持田间卫生,减少虫源;棚室栽培时还要做好棚室的熏杀残虫工作,防止烟粉虱扩散传毒。

(3)加强田间管理 包括肥水管理、及时整枝打杈等栽培措施,促进植株健壮生长。定植后缓苗期喷洒1.4%复硝酚钠水剂6 000倍液,可提高植株对病毒病的抵抗力。也可喷施芸薹素内酯等营养剂,提高植株的抗病能力。有条件的可在土壤中加施石灰或硫黄粉,底肥增施磷、钾肥;采用大中棚育苗,培育健壮秧苗;遮阴栽培,及时防蚜虫。

2. 物理防治 在温室、大棚内或露地畦间悬挂或铺银灰色塑料薄膜或尼龙纱网,可有效地驱避菜蚜,必要时喷药杀蚜,减少传毒媒介。

3. 化学防治

(1)种子处理 茄科类、瓜类蔬菜播种前用清水浸种3~4小时,再放在10%磷酸三钠溶液中浸种20~30分,捞出后用清水冲净再催芽,或用0.1%高锰酸钾溶液浸种30分,洗后催芽。

(2)生长期防治 辣椒病毒病的防治适期为发病始见后7~10天或田间病株率5%~8%,进入生长盛期至采收中后期的各类型大田。防治蔬菜病毒病,用5%菌毒清水剂500倍液,于发病初期喷雾,一般喷雾3~5次(视病情而定),每隔7~10天喷1次,可在分苗前、定植前各喷1次,定植后喷第3次,可有效控制病毒病。常用农药还有10%宁南霉素可溶性粉剂1 000~1 500倍液,或0.5%菇类蛋白多糖水剂200~300倍液,或0.5%葡聚烯糖可溶性粉剂4 000~5 000倍液,或1.5%硫酸铜·三十烷醇·十二烷基硫酸钠乳剂

1 000倍液，或20%盐酸吗啉胍·乙酸铜可湿性粉剂500倍液。及时喷药防治蚜虫、粉虱、蓟马，减少传播毒源。

五、专家告诫

1. 5%菌毒清水剂　不要与其他农药混合使用。

2. 10%宁南霉素可溶性粉剂　安全间隔期14天。施药要早，要在发病前或发病初期开始用药。不能与碱性农药混合使用，可与有机磷类、拟除虫菊酯类等有机杀虫剂混合使用。

3. 0.5%菇类蛋白多糖水剂　避免与酸性、碱性农药混合使用。

4. 0.5%葡聚烯糖可溶性粉剂　不可与强酸、碱性物质混合。

5. 1.5%硫酸铜·三十烷醇·十二烷基硫酸钠乳剂　避免与生物农药混合使用或短时间内轮换使用。宜在植物表面无露水后，再喷药液。

6. 20%盐酸吗啉胍·乙酸铜可湿性粉剂　安全间隔期为7天，每个生长季最多用3次。不可与铜制剂及碱性农药混合使用。建议与不同机制的杀菌剂轮换使用。应注意提前喷药预防，发病初期使用。可与叶面肥等混合使用，宜避高温。

第四节

根结线虫病

一、危害对象

可危害茄科、葫芦科及菠菜、芹菜、莴苣、胡萝卜、生菜、落葵等其他蔬菜，寄主范围很广。

二、危害症状与特点

(一)番茄根结线虫病
该病的典型特征是在病株根部的须根或侧根上产生肥肿畸形

瘤状结(图63),剖开根结有很小的乳白色线虫埋于其内。一般在根结之上可生出细弱新根,再度染病,则形成根结状肿瘤。发病轻的地上部症状不明显,重病株矮小,生育不良,结实小,干旱时中午萎蔫或提早枯死。

(二)黄瓜根结线虫病

主要发生在根部的侧根或须根上,须根或侧根染病后产生瘤状大小不等的根结。解剖根结,病部组织里有很多细小的乳白色线虫埋于其内。根结之上一般可长出细弱的新根,致寄主再度染病,形成根结。地上部表现症状因发病的轻重程度不同而异,轻病株症状不明显,重病株生育不良,叶片中午萎蔫或逐渐黄枯,植株矮小,影响结实,发病严重时,全田枯死。

(三)丝瓜根结线虫病

丝瓜被根结线虫危害后,植株地上部生长缓慢,影响生长发育,致植株发黄矮小,气候干燥或中午前后地上部打蔫,拔出病株,可见根部产生大小不等的瘤状物或根结,剖开根可见其内生有许多白色细小的梨状雌虫,即根结线虫。

(四)南瓜根结线虫病

南瓜染根结线虫以后,生长停滞,植株僵老直立,叶缘发黄或枯焦,扒开根部可见侧根、须根上生出许多大小不等的瘤状物,即虫瘿,剖开虫瘿可见其内藏有很多黄白色卵圆形雌线虫。致病株根部腐烂,地上部植株生长缓慢,严重的停止生长,后枯死。

(五)菠菜根结线虫病

植株生育初期,幼根因被根结线虫的2龄幼虫钻入根部组织细胞,致根部形成瘤状物,影响水分及养分的吸收,地上部呈现黄化症状,1个月后2龄幼虫发育成成虫,条件适宜成虫产下的卵很快孵化成幼虫游移在土中;有些埋藏在组织中的卵孵化后,幼虫就地在组织里成长,由于根结线虫的刺食,钻来钻去造成很多伤口,致组织坏死,植株生育不良或全株死亡。

(六)芹菜根结线虫病

主要发生在根部,须根或侧根染病后产生瘤状大小不等的根

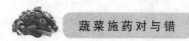

结。病部组织里有很多细小的乳白色线虫埋于其内。地上部发病重时叶片中午萎蔫或逐渐枯黄,植株矮小,发病严重时,全田枯死。

(七)莴苣根结线虫病

发病轻时,地上部无明显症状;发病重时,拔起植株,可见肉质根变小、畸形,须根上有许多葫芦状根结。地上部表现生长不良、矮小、黄化、萎蔫,似缺肥水或枯萎病症状,严重时植株枯死。

三、有效药剂

根结线虫病的防治有效药剂可分为以下几类:①生物源类,如阿维菌素、厚孢轮枝菌、淡紫拟青霉。②氨基甲酸酯类,如丁硫克百威、威百亩。

四、防治方法

1. 农业防治

(1)选用抗病品种 选用抗根结线虫品种 也可采用嫁接法防治根结线虫。

(2)轮作 选用无病土育苗,与非寄主作物,最好与葱、蒜、韭菜、水生蔬菜或禾本科作物等进行2～3年轮作。

(3)清洁田园 彻底清除病残体,集中烧毁或深埋。

(4)深翻土地 根结线虫多分布在3～9厘米表土层,深翻可减轻危害深翻土地,深度要求达到24厘米,把在表土中的虫瘿翻入深层,减少虫源。

(5)高温闷棚 7月或8月高温闷棚进行土壤消毒,可杀死土壤中根结线虫和土传病害。

(6)加强肥水管理 增施充分腐熟的有机肥;合理施肥或灌水以增强寄主抵抗力。

2. 化学防治

(1)土壤处理 在播种或定植前每亩撒施0.5%阿维菌素颗粒剂3～4千克或5%丁硫克百威颗粒剂5～7千克,浅耙混入土中;或每平方米施用1.8%阿维菌素乳油2 000～3 000倍液,喷在地面上,立即翻入土中;或每亩用2.5亿孢子/克厚孢轮枝菌微粒剂1.5~2.5千克沟施;或每亩用5亿活孢子/克淡紫拟青霉颗粒剂3~5千克处理土壤;或35%威百亩水剂1 000倍液,于播前15天开沟将药灌入,覆土压实,15天后播种。

(2)生长期防治　可用1.8%阿维菌素乳油2 000~3 000倍液灌根。

五、专家告诫

1. 阿维菌素　正常剂量下使用对蔬菜安全,若过量或高温下用药易发生药害,可用碧护1克、尿素50克、磷酸二氢钾50克均匀喷雾。

2. 5亿活孢子/克淡紫拟青霉颗粒剂　不可与铜制剂、镁制剂混合使用。勿与化学杀菌剂混合使用。建议最佳施药时间为早上或傍晚。勿使药剂直接放置于强阳光下。

3. 5%丁硫克百威颗粒剂　每个生长季最多用1次。建议与其他不同作用机制的杀虫剂轮换使用。不可与酸性农药混合使用。

4. 35%威百亩水剂　在番茄、黄瓜上的安全间隔期为45天,每个生长季最多用1次。作为土壤熏蒸剂不可直接喷洒蔬菜,使用时要现配。不能与波尔多液、石硫合剂混合使用。建议与其他不同作用机制的杀虫剂轮换使用。土壤处理的药剂全部分解和消失以后才能栽植。

蔬菜是人们生活中不可缺少的食物之一。蔬菜害虫的防治在蔬菜生产过程中有着十分重要的意义,不仅影响着蔬菜的产量,而且影响着蔬菜的质量。为提供优质美观的商品蔬菜,正确掌握蔬菜害虫的防治技术就显得尤为重要。本章主要介绍了蔬菜地上害虫和地下害虫的危害对象、危害症状、形态特征及防治方法。

第二章
蔬菜害虫

危害蔬菜的昆虫、螨类、软体动物(蛞蝓、蜗牛)等统称为蔬菜害虫。危害蔬菜的害虫属植食性害虫,这些害虫危害蔬菜后,不仅造成减产,而且影响蔬菜的品质,降低商品价值。

(一)害虫分类

1. 根据害虫取食蔬菜的部位不同　根据害虫取食部位不同可分为地上害虫和地下害虫。地上害虫可分为食茎叶类害虫,如菜青虫、小菜蛾;蛀果类害虫,如棉铃虫、烟青虫。地下害虫,即在一生或一生中某个阶段生活在土壤中危害蔬菜地下部分、种子、幼苗及近地表主茎,如蛴螬、金针虫、地老虎、韭蛆等。

2. 根据害虫的口器　可分为咀嚼式口器害虫,如菜青虫、蝗虫、叶甲、叶蜂幼虫,可将蔬菜叶咬碎吞下,在叶片上造成缺刻、孔洞,或吃掉叶片上表皮,留下下表皮,严重的可将叶片吃光,仅剩茎秆、叶柄或主脉;刺吸式口器害虫,如蚜虫、飞虱、叶蝉、螨类,危害时,将口针刺入蔬菜体内吸食汁液,使蔬菜叶片失绿出现黄色斑点、卷缩变形、落叶,植株生长停滞或干枯,严重的还诱发煤污病;锉吸式口器害虫,如蓟马;舐吸式口器害虫,如实蝇。

3. 根据害虫取食范围的广狭　分为寡食性害虫,如只危害十字花科蔬菜的小菜蛾;多食性害虫,如可危害甘蓝、白菜、大葱、茄子等多种蔬菜的甜菜夜蛾。

(二)防控措施

防控措施有农业防治、物理防治、生物防治、化学防治。

1. 农业防治　在认识和掌握害虫、蔬菜、环境三者关系的基础上,协调农业生态系中的各种因素,即结合农事操作过程中各种具体措施,创造有利于蔬菜生长发育而不利于害虫发生的农田环境,达到控制害虫危害的目的。农业防治的方法有选用抗虫品种、肥水管理、植物诱集、清洁田园等。

2. 物理防治　即利用各种物理因素、机械设备及现代化除虫工具防治害虫,包括人工捕杀、诱集和诱杀、阻隔法防治害虫等。如可采取人工摘卵方法防治二十八星瓢虫;用黄色黏虫板诱杀蚜虫、飞虱,用蓝色黏虫板诱杀蓟马;用黑光灯或频振式杀虫灯诱杀地老虎、

棉铃虫、甜菜夜蛾等鳞翅目害虫;设置防虫网,阻隔蚜虫、飞虱等害
虫危害。

3. 生物防治 利用有益生物及生物代谢产物防治蔬菜害虫的
方法,包括以虫治虫、以菌治虫等。如用草蛉、瓢虫控制蚜虫等;用
苏云金杆菌防治菜青虫等。

4. 化学防治 即使用化学药剂控制蔬菜害虫的方法,是最广泛
采用的防治方法。防治药剂按来源分为植物性杀虫剂、微生物杀虫
剂、无机杀虫剂、有机杀虫剂,其中有机杀虫剂又可分为有机氯类杀
虫剂、有机磷类杀虫剂、氨基甲酸酯类杀虫剂、拟除虫菊酯类杀虫剂
等;按作用方式分为胃毒剂、触杀剂、熏蒸剂、内吸杀虫剂及特异性
杀虫剂,如性诱剂、昆虫生长调节剂、拒食剂、驱避剂、不育剂等,主
要是胃毒剂、触杀剂、熏蒸剂这3种。

第一节

地上害虫

一、菜粉蝶

(一)危害对象

菜粉蝶幼虫称菜青虫,寄主植物有十字花科、菊科、茄科、苋科
等9科35种,主要危害十字花科蔬菜,尤以甘蓝、花椰菜等受害比较
严重。

(二)危害症状

以幼虫食叶危害,2龄前只能啃食叶肉,留下一层透明的表皮;3
龄后可蚕食整个叶片,轻则虫口累累,重则仅剩叶脉,影响植株生长
发育和包心,造成减产。此外,虫粪污染花椰菜球茎,降低商品价
值。在白菜上,还能导致软腐病发生。

(三)形态特征

1. 成虫 体长12~20毫米,翅展45~55毫米;体灰黑色,翅白

色,顶角灰黑色,雌蝶前翅有 2 个显著的黑色圆斑,雄蝶仅有 1 个显著的黑斑(图 64)。

2. 卵　瓶状,高约 1 毫米,宽约 0.4 毫米,表面具纵脊与横格,初乳白色,后变橙黄色(图 65)。

3. 幼虫　体青绿色,背线淡黄色,腹面绿白色,体表密布细小黑色毛瘤,沿气门线有黄斑(图 66)。共 5 龄。

4. 蛹　长 18 ~ 21 毫米,纺锤形,中间膨大而有棱角状突起,体绿色或棕褐色(图 67)。

(四)有效药剂

菜粉蝶的防治有效药剂可分为以下几类:①生物源类杀虫剂,如苏云金杆菌、甲氨基阿维菌素苯甲酸盐等。②有机磷类杀虫剂,如辛硫磷。③拟除虫菊酯类杀虫剂,如氰戊菊酯、溴氰菊酯、高效氯氟氰菊酯等。④其他杀虫剂,如虫螨腈。

(五)防治方法

1. 农业防治　清洁田园,十字花科蔬菜收获后,及时清除田间残株老叶和杂草,减少菜青虫繁殖场所和消灭部分蛹。

2. 生物防治　保护利用广赤眼蜂、微红绒茧蜂、凤蝶金小蜂等天敌。在菜青虫发生盛期可用 16 000 国际单位/毫升苏云金杆菌 200 ~ 600 倍液喷雾。

3. 化学防治　幼虫发生盛期可用 40% 辛硫磷乳油 600 ~ 800 倍液,或 20% 氰戊菊酯乳油 2 000 ~ 3 000 倍液,或 2.5% 溴氰菊酯乳油 1 500 ~ 2 000 倍液,或 2.5% 高效氯氟氰菊酯乳油 1 500 ~ 2 000 倍液,或 3% 甲氨基阿维菌素苯甲酸盐水分散粒剂 8 000 ~ 10 000 倍液,或 30% 虫螨腈悬浮剂 3 000 ~ 4 000 倍液喷雾,隔 10 天喷 1 次,连喷 2 ~ 3 次。

(六)专家告诫

1. 16 000 国际单位/毫升苏云金杆菌　施用期一般比化学农药提前 2 ~ 3 天,防治低龄害虫效果好。30℃以上施药效果最好。不能与内吸性有机磷类杀虫剂或杀菌剂混合使用。

2. 3% 甲氨基阿维菌素苯甲酸盐水分散粒剂　两次使用的最小

间隔为 7 天,安全间隔期 6 天,提倡轮换使用不同类别或不同作用机制的杀虫剂,以延缓抗性的发生。禁止和百菌清、代森锌混合使用。该药对鱼类、水生生物敏感,对蜜蜂高毒,使用时避开蜜蜂采蜜期,不能在池塘、河流等水面用药或不能让药水流入水域。施药后 48 小时内人、畜不得入内。

3.40% 辛硫磷乳油

(1)药害症状 小白菜使用有机磷农药易发生药害,叶脉失绿黄化,有的心叶仍持绿色,最终至全叶黄白色(图 68)。黄瓜叶片的小叶脉不均匀地失绿、变白,进而大部分或所有叶脉变白,形成白色网状脉,严重时整个叶片布满白斑(图 69)。植株生长受到抑制,顶部幼叶扩展受阻,形成小叶,且叶片边缘褪绿、白化。有时,较小的、受害较轻的叶片皱缩畸形。卷须变白、缢缩。

(2)药害原因 黄瓜、大白菜、菜豆对辛硫磷敏感,容易产生药害。如果辛硫磷施用浓度过大,如 50% 辛硫磷乳油 500 倍液喷雾有药害,1 000 倍液时可能有轻微药害,或两次喷药间隔时间过短,则极易形成药害。高温时对叶菜易产生药害,易烧叶。

(3)注意事项 安全间隔期 5 天。使用浓度过高,会产生药害。黄瓜、白菜等对辛硫磷较敏感,喷雾浓度不能过高,且不可用于幼苗期喷雾,拌种时药液量不超过种子重量的 2%,堆闷时间不宜过长。不可与碱性农药混用,药液配成后不可久置,应尽快施用,施药时间最好为傍晚。

(4)预防措施 ①最好不在敏感蔬菜上使用。②在高温、干旱时不要施药。③严格按规定浓度用药,不能随意提高浓度。苗期、花期耐药力弱时应慎用或降低浓度。④浇水施肥,喷施叶面肥如复硝酚钠、芸薹素内酯、甲壳素等促进生长,缓解药害。⑤替代农药。蔬菜上提倡施用替代物甲基辛硫磷,甲基辛硫磷是辛硫磷的同系物,纯品为白色结晶体,对光、热均不稳定,不溶于水。甲基辛硫磷属低毒杀虫剂,与辛硫磷具有相似的作用特点和防治对象,对害虫具有胃毒和触杀作用而无内吸性能,具有杀虫谱广、残效期短等特点,对多种蔬菜害虫及地下害虫有良好的防治效果,甲基辛硫磷对人、畜的毒性约比辛硫磷低4~5倍,因而在蔬菜上使用更加安全。

4. 20%氰戊菊酯乳油 在夏菜上安全间隔期5天,秋菜安全间隔期12天。不能与碱性农药混合使用。对蜜蜂、鱼虾、家蚕等毒性高,使用时注意不要污染河流、池塘、桑园、养蜂场所。在害虫、螨害并发的蔬菜上使用,对螨无效,对天敌毒性高,易造成害螨猖獗,要配合杀螨剂使用。

5. 2.5%溴氰菊酯乳油 在叶菜类安全间隔期15天。要尽可能减少用药次数和用药量,或与有机磷等非拟除虫菊酯类农药交替使用或混合使用,有利于减缓害虫抗药性产生,不可与碱性农药混合使用,以免降低药效。该药对螨蚧类的防效较低,不可专门用作杀螨剂,以免害螨猖獗,最好不单一用于防治棉铃虫、蚜虫等抗性发展快的害虫。对鱼、虾、蜜蜂、家蚕毒性大,用该药时应远离其饲养场所,以免损失严重。

6. 2.5%高效氯氟氰菊酯乳油 安全间隔期21天。不要与碱性农药混合使用,不要做土壤处理。不要污染鱼塘、河流、蜂场、桑园。

7. 30%虫螨腈悬浮剂 用于十字花科蔬菜的安全间隔期暂定为14天。每个生长季不得超过2次。该药对鱼有毒,不要将药液直接洒到水及水源处。

二、小菜蛾

(一)危害对象

小菜蛾俗称吊丝虫,主要危害甘蓝、白菜、油菜、萝卜等十字花科植物。

(二)危害症状

初龄幼虫仅能取食叶肉,留下表皮,在菜叶形成一个个透明的斑,3~4龄幼虫可将菜叶食成孔洞和缺刻,严重时全叶被吃成网状。在苗期常集中心叶危害,影响包心。在留种菜上,危害嫩茎、幼荚和籽粒,影响结实。

(三)形态特征

1. 成虫 为灰褐色小蛾,体长6~7毫米,翅展12~15毫米,翅狭长,前翅后缘呈黄白色三度曲折的波纹,两翅合拢时呈三个接连的菱形斑。前翅缘毛长并翘起如鸡尾。

2. 卵　扁平,椭圆状,约0.5毫米×0.3毫米,黄绿色。

3. 幼虫　初孵幼虫深褐色,后变为绿色。老熟幼虫体长约10毫米,黄绿色,体节明显,两头尖细,腹部第4~5节膨大,故整个虫体呈纺锤形,并且臀足向后伸长(图70)。

4. 蛹　长5~8毫米,黄绿色至赤褐色,肛门周缘有钩刺3对,腹末有小钩4对。茧薄如网(图71)。

(四)有效药剂

小菜蛾的防治有效药剂可分为以下几类:①生物源类杀虫剂,如甲氨基阿维菌素苯甲酸盐、阿维菌素、多杀菌素、乙基多杀菌素等。②拟除虫菊酯类杀虫剂,如高效氯氰菊酯。③其他类杀虫剂,如茚虫威。

(五)防治方法

1. 农业防治

(1)避免连作　合理布局,尽量避免小范围内十字花科蔬菜周年连作。

(2)清洁田园　对苗田加强管理,及时防治,避免将虫源带入田内;蔬菜收获后,要及时处理残株败叶或立即翻耕,可消灭大量虫源。

2. 物理防治　小菜蛾有趋光性,在成虫发生期,可设置黑光灯或频振式杀虫灯,可诱杀大量小菜蛾,减少虫源。

3. 生物防治　用16 000国际单位/毫克苏云金杆菌200~600倍液喷施防治幼虫。

4. 化学防治　用0.2%甲氨基阿维菌素苯甲酸盐微乳剂1 000~1 500倍液,或1.8%阿维菌素乳油2 000~3 000倍液,或2.5%多杀菌素悬浮剂1 000~2 500倍液,或6%乙基多杀菌素悬浮剂1 500~3 000倍液,或4.5%高效氯氰菊酯乳油2 000~3 000倍液,或15%茚虫威水分散粒剂5 000~7 500倍液,或6%阿维菌素·氯虫苯甲酰胺悬浮剂1 500~2 000倍液喷雾,隔10天喷1次,连喷

2~3次。

（六）专家告诫

1. 阿维菌素　安全间隔期低剂量时为7天以上,高剂量时20天以上,每个生长季不超过2次,施药时间应在下午4点以后。施药期以卵高峰期最好,最迟于幼虫3龄前。不可与碱性农药混合使用。施药后3天才出现死虫高峰。施药后24小时内,禁止家畜进入施药区。黄瓜苗期如大量根施阿维菌素乳油则会产生药害,致叶缘发黄,叶脉皱缩(图72)。

2. 2.5%多杀菌素悬浮剂　安全间隔期1天。

3. 4.6%乙基多杀菌素悬浮剂　在甘蓝上安全间隔期为7天,每个生长季最多用3次。在茄子上安全间隔期为5天,每个生长季最多用3次。建议与其他作用机制不同的杀虫剂轮换使用,以延缓抗性产生。

4. 4.5%高效氯氰菊酯乳油　安全间隔期10天。不能与碱性农药混合使用。对鱼及水生动物高毒,使用时应注意不要污染鱼塘、河流、湖泊等水体。对蜜蜂、蚯蚓有毒,禁止在花期使用。

5. 15%茚虫威水分散粒剂　每个生长季不超过3次,以避免产生抗性。需与不同作用机制的杀虫剂交替使用。

三、甜菜夜蛾

（一）危害对象

甜菜夜蛾又称贪夜蛾,可危害甘蓝、花椰菜、白菜、萝卜、莴苣、番茄、青椒、茄子、马铃薯、黄瓜、西葫芦、豇豆、茴香、胡萝卜、芹菜、菠菜、韭菜等多种蔬菜及其他植物170余种。

（二）危害症状

初孵幼虫群集叶背,吐丝结网,在其内取食叶肉,留下表皮,成透明小孔。3龄后可将叶片吃成孔洞或缺刻,严重时仅余叶脉和叶柄,致使菜苗死亡,造成缺苗断垄,甚至毁种。3龄以上的幼虫还可钻蛀青椒、番茄果实,造成落果、烂果。

（三）形态特征

1. 成虫　体长 8～10 毫米，翅展 19～25 毫米。灰褐色，头、胸有黑点。前翅灰褐色，基线仅前段可见双黑纹；内横线双线黑色，波浪形外斜；剑纹为一黑条；环纹粉黄色，黑边；肾纹粉黄色，中央褐色，黑边；中横线黑色，波浪形；外横形双线黑色，锯齿形，前、后端的线间白色；亚缘线白色，锯齿形，两侧有黑点，外侧在第一条中脉（M_1）处有一个较大的黑点；缘线为一列黑色，各点内侧均衬白色。后翅白色，翅脉及缘线黑褐色。

2. 卵　圆球状，白色，成块产于叶面或叶背，8～100 粒不等，排为 1～3 层，外面覆有雌蛾脱落的白色绒毛，因此不能直接看到卵粒（图 73）。

3. 幼虫　老熟幼虫体长约 22 毫米。体色变化很大，由绿色、暗绿色、黄褐色、褐色至黑褐色，背线有或无，颜色各异。较明显的特征为：腹部气门下线为明显的黄白色纵带，有时带粉色，此带的末端直达腹部末端，不弯到臀足上，是区别于甘蓝夜蛾的重要特征。各节气门后上方具一明显的白点（图 74）。

4. 蛹　体长约 10 毫米，黄褐色。中胸气门显著外突。

（四）有效药剂

见菜粉蝶

（五）防治方法

1. 农业防治　秋耕或冬耕，可消灭部分越冬蛹；春季 3～4 月除草，消灭杂草上的初龄幼虫；结合田间管理，摘除叶背面卵块和低龄幼虫。

2. 物理防治　成虫发生期，蔬菜集中连片区可用频振式杀虫灯、黑光灯、性诱剂诱杀成虫。

3. 化学防治　见菜粉蝶

四、棉铃虫

（一）危害对象

棉铃虫别名钻桃虫、钻心虫、棉铃实夜蛾等。可危害番茄、茄

子、甘蓝、白菜、南瓜等蔬菜。

（二）危害症状

以幼虫蛀食蕾、花、果,偶也蛀茎,并且危害嫩茎、叶和芽。但主要危害形式是蛀果。幼果常被吃空或引起腐烂而脱落,成果被蛀食部分果肉,蛀孔多在蒂部,雨水、病菌易侵入引起腐烂、脱落,造成严重减产。

（三）形态特征

1. 成虫　体长15~20毫米,翅展30~38毫米,灰褐色。前翅颜色变化大,雌蛾多黄褐色,雄蛾多绿褐色,外横线有深灰色宽带,带上有7个小白点,肾形纹和环形纹暗褐色(图75)。

2. 卵　约0.5毫米,半球形,乳白色,具纵横网络,近孵化时紫褐色。

3. 幼虫　老熟幼虫体长40~45毫米,体色变化很大,由淡绿、淡红至红褐乃至黑紫色,常见为绿色型及红褐色型。头部黄褐色,背线、亚背线和气门上线呈深色纵线,气门白色(图76)。第1、第2根前胸侧毛(L_1、L_2)连线与前胸气门下端相切或相交,这是区分棉铃虫与烟青虫幼虫的主要特征。体表布满小刺,其底座较大。

4. 蛹　长17~21毫米,纺锤形,黄褐色。腹节前缘密布比体色略深的刻点,尾端有臀棘钩刺2根。

（四）有效药剂

棉铃虫的防治有效药剂可分为以下几类:①拟除虫菊酯类杀虫剂,如高效氯氟氰菊酯、氰戊菊酯、联苯菊酯等。②几丁质合成抑制剂类杀虫剂,如虫酰肼。③生物源类杀虫剂,如烟碱、苦参碱等。④其他类杀虫剂,如茚虫威。

（五）防治方法

1. 农业防治　压低虫口密度,在产卵盛期结合整枝打杈,抹去嫩叶、嫩头上的卵,可有效地减少卵量,同时要注意及时摘除虫果,以压低虫口。在菜田种植玉米诱集带,能减少田间棉铃虫的产卵量,但应注意选用生育期与棉铃虫成虫产卵期吻合的玉米品种。冬耕冬灌,可消灭越冬蛹。

2. 物理防治 诱杀成虫。第2、第3代棉铃虫成虫羽化期,可插萎蔫杨树枝把诱集成虫,每亩10～15把,每天清晨日出之前集中捕杀成虫。成虫发生期,蔬菜集中连片种植区可用高压汞灯、频振式杀虫灯、黑光灯、棉铃虫性诱剂诱杀。

3. 生物防治 在二代棉铃虫卵高峰后3～4天及6～8天,连续2次喷洒16 000国际单位/毫克苏云金杆菌300～400倍液,或10亿PIB/克棉铃虫核型多角体病毒可湿性粉剂400～500倍液喷雾,可使幼虫大量染病死亡。

4. 化学防治 棉铃虫的防治指标为结果实类、结荚类蔬菜百株卵量3～5粒,叶菜类10～15粒。防治适期为卵孵始盛期。关键是要抓住孵化盛期至2龄盛期,即幼虫尚未蛀入果内的时期施药,可喷洒21%氰戊菊酯·马拉硫磷乳油2 000～3 000倍液,或2.5%高效氯氟氰菊酯乳油2 000～3 000倍液,或2.5%联苯菊酯乳油2 000～4 000倍液,或20%虫酰肼悬浮剂800～1 500倍液,或15%茚虫威悬浮剂3 000～4 000倍液,或1.2%烟碱·苦参碱乳油1 000～1 500倍液等。视天气,隔10天喷1次,连喷2～3次。以上药剂要交替使用,提高防治效果。

(六)专家告诫

1. 2.5%联苯菊酯乳油 不能与碱性农药混合使用。可与其他类型的杀虫剂轮换使用,以延缓抗性的产生。

2. 20%虫酰肼悬浮剂 该药剂杀卵效果较差,施用时应注意掌握在卵发育末期或幼虫发生初期喷施。甘蓝每个生长季最多用2次,安全间隔期7天;不可与碱性农药混合使用。

3. 烟碱 除松脂合剂等强碱性农药外,可与其他农药混合使用。烟碱对人高毒,配药或施药时应遵守农药使用保护规则,做好个人保护。

4. 苦参碱 该药剂无内吸与熏蒸作用,施药时务必做到均匀周到。不能与酸性、碱性农药混合使用。可与拟除虫菊酯类农药混合使用防治蔬菜菜青虫、蚜虫,与烟碱混合使用防治蔬菜蚜虫,与鱼藤酮混合使用可有效防治甘蓝上的菜青虫。安全间隔期2天,每个生长季最多用2次。

五、烟青虫

(一)危害对象

烟青虫又叫烟夜蛾、烟实夜蛾。可危害辣椒、番茄、南瓜等蔬菜。

(二)危害症状

以幼虫蛀食蕾、花、果,也食害嫩茎、叶和芽,在辣椒田内,幼虫取食嫩叶,3~4龄才蛀入果实,可转果危害,果实被蛀引起腐烂和落果。

(三)形态特征

1. 成虫 与棉铃虫极近似,区别之处:成虫体色较黄,前翅上各线纹清晰,后翅棕黑色宽带中段内侧有一棕黑线,外侧稍内凹。

2. 卵 稍扁,纵棱一长一短,呈双序式,卵孔明显。

3. 幼虫 第1、第2前胸侧毛的连线远离前胸气门下端;体表小刺较短(图77)。

4. 蛹 体前段显得粗,气门小而低,很少突起。

(四)有效药剂

见菜粉蝶。

(五)防治方法

烟青虫在辣椒上的防治指标为百株卵量3~5粒。防治适期为卵孵始盛期。防治方法参见棉铃虫。

六、菜螟

(一)危害对象

菜螟别名菜心野螟、萝卜螟、甘蓝螟、卷心菜螟、白菜螟、菜剜心野螟、吃心虫、钻心虫、剜心虫。主要危害甘蓝、花椰菜、白菜、萝卜、菠菜等。

(二)危害症状

幼虫为钻蛀性害虫,危害蔬菜幼苗期心叶及叶片,受害苗因生长点被破坏而停止生长或萎蔫死亡,造成缺苗断垄。甘蓝、白菜受害则不能结球、包心,并能传播软腐病,导致减产。

(三)形态特征

1. 成虫 体长 7 毫米,翅展 15 毫米,灰褐色;前翅具 3 条白色横波纹,中部有一深褐色肾形斑,镶有白边;后翅灰白色。

2. 卵 长约 0.3 毫米,椭圆形,扁平,表面有不规则网纹,初产淡黄色,以后渐现红色斑点,孵化前橙色。

3. 幼虫 老熟幼虫体长 12~14 毫米,头部黑色,胴部淡黄色,前胸背板黄褐色,体背有不明显的灰褐色纵纹,各节生有毛瘤,中、后、胸各 6 对,腹部各节前排 8 个,后排 2 个。

4. 蛹 体长约 7 毫米,黄褐色,翅芽长达第四腹节后缘,腹部背面 5 条纵线隐约可见,腹部末端生长刺 2 对,中央 1 对略短,末端略弯曲。

(四)有效药剂

菜螟的防治有效药剂有拟除虫菊酯类杀虫剂,如氰戊菊酯、高效氯氟氰菊酯、甲氰菊酯、联苯菊酯等。

(五)防治方法

1. 农业防治

(1)耕翻土地 可消灭部分在表土或枯叶残体内的越冬幼虫,减少虫源。

(2)调整播种期 使菜苗 3~5 片真叶期与菜螟盛发期错开。

(3)适当灌水 增大田间湿度,既可抑制害虫,又能促进菜苗生长。

2. 化学防治 因菜螟是钻蛀性害虫,所以喷药防治必须抓住成虫盛发期和幼虫卵孵化期进行,可喷洒 21% 氰戊菊酯·马拉硫磷乳油,或 40% 氰戊菊酯乳油 6 000 倍液,或 2.5% 高效氯氟氰菊酯乳油 4 000 倍液,或 20% 甲氰菊酯乳油或 2.5% 联苯菊酯乳油 3 000 倍液。视天气,隔 10 天喷 1 次,连喷 2~3 次。

(六)专家告诫

甲氰菊酯安全间隔期 3 天。无内吸作用,喷药时要均匀周到以提高防效。不能与碱性农药混合使用,以免降低药效。不能作为专用杀螨剂,只能做替代品种或用于虫、螨兼治。施药要避开蜜蜂采蜜季节及蜜源植物,不要在池塘、水源、桑田、蚕室近处喷药。

七、豇豆荚螟

（一）危害对象

可危害豇豆、菜豆、四季豆等多种豆科蔬菜。

（二）危害症状

幼虫食害叶片、嫩茎、花蕾、嫩荚。低龄幼虫钻入花蕾危害。引起花蕾和幼荚脱落,3龄幼虫蛀入嫩荚取食豆粒,荚内及蛀孔外堆积粪粒,严重影响产量和品质。受害豆荚味苦,不堪食用。

（三）形态特征

1. 成虫　体长约13毫米,翅展24～26毫米,暗黄褐色。前翅中央有2个白色透明斑;后翅白色半透明,内侧有暗棕色波状纹。

2. 卵　0.6毫米×0.4毫米,扁平,椭圆形,淡绿色,表面具六角形网状纹。

3. 幼虫　老熟幼虫体长约18毫米,体黄绿色,头部及前胸背板褐色。中、后胸背板上有黑褐色毛片6个,前列4个,各具2根刚毛,后列2个无刚毛;腹部各节背面具同样毛片6个,但各自只1根刚毛（图78）。

4. 蛹　近纺锤形,黄褐色,腹面末有6根钩刺,长13毫米。头顶突出,复眼红褐色。羽化前在褐色翅芽上能见到成虫前翅的透明斑。

（四）有效药剂

豇豆荚螟的防治有效药剂有拟除虫菊酯类杀虫剂,如氰戊菊酯、溴氰菊酯、顺式氯氰菊酯等。

（五）防治方法

1. 农业防治　及时清除田间落花、落荚,并摘除被害的卷叶和豆荚,以减少虫源。

2. 物理防治　利用黑光灯、杀虫灯诱杀成虫。

3. 化学防治　可用21%氰戊菊酯·马拉硫磷乳油6 000倍液，或40%氰戊菊酯乳油6 000倍液，或2.5%溴氰菊酯乳油3 000倍液，或10%顺式氯氰菊酯乳油5 000~6 000倍液，从现蕾开始，每隔10天喷蕾、花1次，连喷2~3次，可控制危害，如需兼治其他害虫，则应全面喷药。

（六）专家告诫

10%顺式氯氰菊酯乳油安全间隔期大于7天，每季最多用2次。用药量及施药次数不能随意增加，注意与其他非菊酯类杀虫剂交替使用，以延缓抗性产生。不要与碱性农药如波尔多液等混合使用，以免分解失效。

八、瓜绢螟

（一）危害对象

瓜绢螟又名瓜螟、瓜野螟，主要危害葫芦科各种瓜类及番茄、茄子等蔬菜。

（二）危害症状

低龄幼虫在叶背啃食叶肉，呈灰白斑，3龄后吐丝将叶或嫩梢缀合，匿居其中取食，致使叶片穿孔或缺刻，严重时仅留叶脉。幼虫常蛀入瓜内，影响产量和质量。

（三）形态特征

1. 成虫　体长11毫米，翅展25毫米，头、胸黑色，腹部白色，但第1、第7、第8节黑色，末端具黄褐色毛丛。前、后翅白色透明，略带紫色，前翅前缘和外缘、后翅外缘呈黑色宽带。

2. 卵　扁平，椭圆形，淡黄色，表面有网纹。

3. 幼虫　末龄幼虫体长23~26毫米，头部、前胸背板淡褐色，胸腹部草绿色，亚背线呈两条较宽的乳白色纵带，气门黑色（图79）。

4. 蛹　长约14毫米，深褐色，头部光整尖瘦，翅端达第6腹节。外被薄茧。

（四）有效药剂

瓜绢螟的防治有效药剂可分为以下几类：①生物源类杀虫剂，

如阿维菌素。②拟除虫菊酯类杀虫剂,如氰戊菊酯、高效氯氰菊酯等。

（五）防治方法

1. 农业防治　及时清理瓜地,消灭藏匿于枯落叶中的虫蛹;在幼虫发生初期,及时摘除卷叶,以消灭部分幼虫。

2. 化学防治　幼虫盛发期,掌握在 3 龄前,用 20% 氰戊菊酯乳油 3 000 倍液,或 5% 高效氯氰菊酯乳油 1 000 倍液,或 2% 阿维菌素乳油 2 000 倍液喷雾。视天气,隔 10 天喷 1 次,连喷 2 ~ 3 次。

九、蚜虫

（一）危害对象

蚜虫可危害多种蔬菜。

（二）危害症状

以刺吸式口器吸食蔬菜汁液。其繁殖力强,又群聚危害,常造成叶片卷缩变形、植株生长不良,影响包心或结球,造成减产。危害留种植株的嫩茎、嫩叶、花梗和嫩荚,使花梗扭曲畸形,不能正常抽薹、开花、结实,并因大量排泄蜜露、蜕皮而污染叶面,降低蔬菜商品价值。此外,蚜虫传播多种病毒病,造成的危害远远大于蚜害本身。

（三）形态特征

1. 桃蚜　桃蚜呈黄绿色与红褐色。

（1）无翅孤雌蚜　体长 2.6 毫米,宽 1.1 毫米。体淡色,头部深色,体表粗糙,但背中域光滑。额瘤显著,中额瘤微隆。触角长 2.1 毫米,腹管长筒形,端部黑色,为尾片的 2.3 倍。尾片黑褐色,圆锥形,近端部 1/3 收缩,有曲毛 6 ~ 7 根(图 80)。

（2）有翅孤雌蚜　头、胸黑色,腹部淡色。腹部第 4 至第 6 节背中融合为一块大斑,第 2 至第 6 节各有大型缘斑,第 8 节背中有一对小突起。

2. 萝卜蚜　萝卜蚜呈绿色至黑绿色,被薄粉。

（1）有翅胎生雌蚜　头、胸黑色,腹部绿色。第 1 至第 6 腹节各有独立缘斑,腹管前后斑愈合,第 1 节有背中窄横带,第 5 节有小型中斑,第 6 至第 8 节各有横带,第 6 节横带不规则。

(2)无翅胎生雌蚜 体长 2.3 毫米,宽 1.3 毫米,绿色或黑绿色,被薄粉。表皮粗糙,有菱形网纹。腹管长筒形,顶端收缩,长度为尾片的 1.7 倍。尾片有长毛 4～6 根。

3. 甘蓝蚜

(1)有翅胎生雌蚜 体长约 2.2 毫米,头、胸部黑色,复眼赤褐色。腹部黄绿色,有数条不很明显的暗绿色横带,两侧各有 5 个黑点,全身覆有明显的白色蜡粉。无额瘤。腹管很短,远比触角第 5 节短,中部稍膨大。

(2)无翅胎生雌蚜 体长 2.5 毫米左右,全身暗绿色,被有较厚的白蜡粉,复眼黑色,无额瘤。腹管短于尾片;尾片近似等边三角形,两侧各有 2～3 根长毛。

4. 瓜蚜

(1)无翅胎生雌蚜 体长 1.5～1.9 毫米,夏季黄绿色,春、秋季墨绿色。体表被薄蜡粉,尾片两侧各具毛 3 根。

(2)雄蚜 体长 1.3～1.9 毫米,狭长卵形,有翅,绿色、灰黄色或赤褐色。

(3)有翅胎生雌蚜 体长 1.2～1.9 毫米,黄色、浅绿色或深绿色。头胸大部为黑色,腹部两侧有 3～4 对黑斑,触角短于身体。

(4)若蚜 共 4 龄,体长 0.5～1.4 毫米,形如成蚜,复眼红色,体被蜡粉,有翅若蚜 2 龄现翅芽。

(5)有翅性母蚜 有翅,体黑色,腹部微带绿色。

(6)产卵雌蚜 有翅,体长 1.4 毫米,草绿色,透过表皮可看腹中的卵。

(7)卵 长约 0.5 毫米,椭圆形,初产时橙黄色,后变黑色。

(8)干母 体长 1.6 毫米,卵圆形,暗绿色至黑色,无翅。

(四)有效药剂

蚜虫的防治有效药剂可分为以下几类:①生物源类杀虫剂,如阿维菌素。②有机磷类杀虫剂,如敌敌畏。③拟除虫菊酯类杀虫剂,如溴氰菊酯。④复配杀虫剂,如高效氯氰菊酯·啶虫脒。

（五）防治方法

防治蚜虫宜及早用药,将其控制在点片发生阶段。

1. 农业防治　蔬菜收获后及时清理田间残株败叶,铲除杂草。

2. 物理防治

（1）黄板诱蚜　利用蚜虫对黄色有较强趋性的原理,在田间设置黄板,上涂机油或其他黏性剂吸引蚜虫并杀灭。

（2）银膜避蚜　利用蚜虫对银灰色有负趋性的原理,在田间悬挂或覆盖银灰膜,每亩用膜 5 千克;在大棚周围挂银灰色薄膜条（10～15 厘米宽）,每亩用膜 1.5 千克,驱避蚜虫,在播种或定植前就要设置好;也可利用银灰色遮阳网、防虫网覆盖栽培。

3. 化学防治　蚜虫的防治适期为当蔬菜有蚜株率达 10% ,或每株平均有蚜 10 头以上时,或苗期的蚜株率达 15% ,移栽定植期蚜株率达 25%～30% ,留种田达 20%～26% 时,若气温在 12℃ 以上,一周内无中等以上降雨,即可防治。

（1）熏烟法　保护地熏烟于傍晚每亩地用 22% 敌敌畏烟剂300～400克,分散放 3～4 堆,用暗火点燃,冒烟后闭棚至第二天早晨。

（2）喷雾法　可用 10% 吡虫啉可湿性粉剂 2 500～3 000 倍液,或 1.8% 阿维菌素乳油 1 500～3 000 倍液,或 2.5% 溴氰菊酯乳油1 500～3 000倍液,或 5% 啶虫脒乳油 3 000～4 000 倍液,或 5% 高效氯氰菊酯·啶虫脒乳油 1 500～2 000 倍液喷雾。视天气,隔 10 天喷1 次,连喷 2～3 次。

（六）专家告诫

敌敌畏不可与碱性农药混合使用;蔬菜安全间隔期为 5～7 天;对蜜蜂毒性较高,避免在开花季节使用。瓜类幼苗较敏感(图81)。

十、粉虱

可分为温室白粉虱和烟粉虱。

（一）危害对象

除危害番茄、青椒、茄子、马铃薯等蔬菜外,也危害黄瓜、菜豆等蔬菜。

(二)危害症状

成虫和若虫吸食植物汁液,被害叶片褪绿、变黄、萎蔫,甚至全株枯死。同时,烟粉虱还能传播多种病毒病。此外,由于其繁殖力强,繁殖速度快,种群数量庞大,群集危害,并分泌大量蜜液,严重污染叶片和果实,往往引起煤污病的大发生,影响光合作用,影响品质,使蔬菜失去商品价值。

(三)形态特征

粉虱要经过卵、若虫、伪蛹和成虫4个虫态才能完成一个世代。

1. 温室白粉虱

(1)成虫　体长1～1.5毫米,淡黄色。翅面覆盖白蜡粉,停息时两翅合拢平覆在腹部上,通常腹部被遮盖,翅脉简单,沿翅外缘有一排小颗粒。

(2)卵　长约0.2毫米,侧面观长椭圆形,基部有卵柄,柄长0.02毫米,从叶背的气孔插入植物组织中,初产淡绿色,覆有蜡粉,而后渐变褐色,孵化前呈黑色。

(3)若虫　1龄若虫体长约0.29毫米,长椭圆形,2龄约0.37毫米,3龄约0.51毫米,淡绿色或黄绿色,足和触角退化,紧贴在叶片上营固着生活。

(4)伪蛹　体长0.7～0.8毫米,椭圆形,初期体扁平,逐渐加厚呈蛋糕状(侧面观),中央略高,黄褐色,体背有长短不齐的蜡丝,体侧有刺。

2. 烟粉虱

(1)成虫　淡黄色,两翅合拢时,呈屋脊状,通常两翅之间可见到黄色的腹部,翅覆盖白色蜡粉,无斑点,雌虫体长0.91毫米,雄虫体长0.85毫米(图82)。

(2)卵　卵散产于叶片背面,有光泽,长梨形,有小柄,与叶片垂直,卵柄通过产卵器插入叶片表皮中。卵柄除固定卵外,还有吸收水分的功能。

(3)若虫　共分4龄,淡绿色至黄色,1龄若虫有足和触角,初孵若虫有 0.5 天左右爬行期,2~3 龄时足和触角退化至一节,当取食到合适的寄主汁液后,就定居到成虫羽化。

(4)伪蛹 黄色,体背或体侧着生蜡丝,眼红色,体节黄色明显。尾刚毛 2 根,背面有 1~7 对粗壮的刚毛。不同寄主上形态差异明显:有茸毛的叶片上,蛹壳有背刚毛,边缘呈不规则形;光滑叶片上,多数蛹壳无背刚毛,边缘规则。

(四)有效药剂

粉虱的防治有效药剂可分为以下几类:①生物源类杀虫剂,如阿维菌素、甲氨基阿维菌素苯甲酸盐等。②有机磷类杀虫剂,如敌敌畏。③拟除虫菊酯类杀虫剂,如联苯菊酯、高效氯氰菊酯等。④氨基甲酸酯类杀虫剂,如异丙威。⑤其他类杀虫剂,如啶虫脒、吡蚜酮、噻虫嗪、螺虫乙酯、矿物油等。

(五)防治方法

1. 农业防治

(1)切断寄主植物 提倡温室第一茬种植粉虱不喜食的芹菜、蒜苗等较耐低温的蔬菜,而减少黄瓜、番茄的种植面积。

(2)清洁田园 培育"无虫苗"把苗房和生产温室分开,育苗前彻底熏杀残余的粉虱,清理杂草和残株,在通风口用尼龙纱密封,有条件的可用 40 目的防虫网,控制外来虫源;生产中摘除的枝杈、枯老叶及时处理掉。

2. 物理防治 黄板诱蚜。粉虱对黄色有强烈趋性,可在温室内设置黄板诱杀成虫。在温室或露地开始可以悬挂 3~5 片诱虫板,以监测虫口密度,当诱虫板上诱虫量增加时,每亩地悬挂规格为 25 厘米×30 厘米的黄色诱虫板 30 片,或 25 厘米×20 厘米黄色诱虫板 40 片,或视情况增加诱虫板数量。悬挂高度以黄板下端高于植株顶部 15~20 厘米为宜,并随着植株的生长随时调整。在保护地内悬挂诱虫板应适当靠近北墙,距北墙 1 米处诱虫效果较好。当诱虫板上粘的害虫数量较多时,用钢锯条或木竹片及时将虫体刮掉,需及时重涂黏油,可重复使用。黄板诱杀可与释放丽蚜小蜂等协调运用。

3. 化学防治 由于粉虱世代重叠,在同一时间同一蔬菜植株上存在各个虫态,而当前药剂没有对所有虫态皆有效的种类,所以采用药剂防治法必须连续几次用药。

(1)喷雾法 可用 1.8% 阿维菌素乳油 1 500 ~ 3 000 倍液,或 1% 甲氨基阿维菌素苯甲酸盐乳油 2 000 倍液,或 2.5% 联苯菊酯乳油 1 500 ~ 3 000 倍液,或 99% 矿物油乳油 200 ~ 300 倍液,或 3% 啶虫脒乳油 1 500 ~ 2 000 倍液,或 25% 吡蚜酮悬浮剂 2 500 ~ 4 000 倍液,或 25% 噻虫嗪水分散粒剂 2 500 ~ 4 000 倍液,或 24% 螺虫乙酯悬浮剂 2 000 ~ 3 000 倍液,对叶片正反两面均匀喷雾,喷药时间最好在早晨露水未干时进行。视天气,隔 10 天喷 1 次,连喷 2 ~ 3 次。

(2)熏烟法 可每次每亩用 22% 敌敌畏烟剂 300 ~ 400 克,或 3% 高效氯氰菊酯烟剂 250 ~ 350 克,或 20% 异丙威烟剂 200 ~ 300 克,傍晚点燃闭棚 12 小时。

此外,由于粉虱繁殖迅速,易于传播,在一个地区范围内采取联防联治,以提高防治效果。

(六)专家告诫

1. 使用烟剂注意事项

(1)药害症状 蔬菜受烟剂危害后,受害严重的在数小时内即可表现症状,开始出现部分叶片萎蔫并略下垂,之后逐渐变褐,受害部位逐渐干枯,形成不规则的白色坏死斑,坏死斑块边缘明显,稍凹陷,受害严重的叶片其坏死斑扩大相连后导致整个叶片枯黄死亡,仅剩心叶,甚至整株枯死(图 83、图 84)。烟剂用量过大,使用时间长,可使黄瓜植株叶片发黄、卷曲;辣椒叶变褐,叶片有坏死斑。受害轻的叶片并不表现明显的坏死症状,但部分叶片有硬化现象,硬化的叶片其生长速度低于正常叶片,对整个植株的影响不大。

(2)药害原因 主要是由于烟剂发烟时产生的一氧化碳、二氧化硫、氯化氢、二氧化氮、氧化氮等有害气体量超过植株所能忍受的限度所致。所以,烟剂的种类、蔬菜种类及其生育时期、设施空间的大小及烟剂的布局、烟剂的用量、使用时间和使用时的温度、使用后的密闭时间等均影响到这种药害的产生及其严重程度。如药片布点不匀,密闭时间过长,施药量过大,施药时间不对,苗过小,对有害气体和有效成分耐受性较低,易产生药害;温度过高时施药,易产生药害。

(3)预防措施

1)用对药　每种烟剂产品有限制使用的蔬菜种类,在使用烟剂前,应熟悉其特性,严禁超范围使用。

2)用对地　较矮的中棚及小拱棚因空间小,极易产生药害,因此高度低于40厘米或宽度小于40厘米的矮小棚,一般不宜使用烟剂。

3)用准药　烟剂的用量等于棚室的长度、宽度、高度和每立方米用药量的乘积。具体用量可根据棚室内空间大小、病害发生程度进行调整。棚内空间大、病虫害严重时可适当增加烟剂用量。同一种烟剂,在不同蔬菜上使用药量也有差别,如12%异丙威·哒螨灵烟剂在黄瓜上每立方米0.25克,而用在茄子上每立方米0.33克。另外,多种烟雾剂不能同时混合使用,易发生药害。注意当植株长势弱时,最好不用或减量使用烟剂,尤其是蔬菜生长后期抗药能力降低,易产生药害,蔬菜苗期幼嫩,也易造成药害,应酌情减量。

4)用好药　燃放点数要根据说明书和药剂的包装大小确定。燃放点分布应均匀,否则可能造成局部药害,特别是在烟雾分布不均的中小棚内易产生此类药害。确定设置距离,第一个燃放点距离为大棚长度/应施药片数/2。相邻燃放点间距离为大棚长度/应施药片数,如100米长的大棚施8.4个药片时,第一个点距离大棚近门应为6.0米,相邻两点距离为11.9米,这样布点能使大棚内烟雾均匀,两点距离不得小于10米。根据计算结果在大棚中间过道上做好放点标记,并放好砖头或铁丝(离地面20~40厘米)留放药片。熏烟前先闭棚,应从棚室由内向外逐个点燃并吹灭明火,掌握熏烟时间及通风时间。设施内温度越高,越易产生药害。严禁在高温下使用,一般在傍晚日落后施药为宜,燃放烟剂,根据药剂使用说明,确定通风换气时间,排除设施内的有害物质,避免药害。一般熏烟4~6小时可放风,病虫害发生期7~10天熏1次,连续熏2~3次,一般在收获前10天停止使用,熏烟前先浇水,土壤湿度大时效果好,反之,土壤干旱时不能熏烟,易出现药害。阴天较重时不易熏烟,因熏烟后不能及时放风,棚内空气长时间不流通,易产生药害。冬季也有的人为省事,下午 3 ~ 4 点熏烟,第二天中午才放风,易引起药害。

(4)补救措施 蔬菜受烟剂药害后,植株不能恢复正常生长的,要及时补种改种,功能叶损失少的,要加强肥水管理及温、湿度管理,也可叶面喷施细胞分裂素等,促使植株尽快恢复生长。

2.2%异丙威粉剂 安全间隔期在萝卜、白菜上为 7 天,在黄瓜、茄子、番茄、辣椒上为 1 天。

3.3%啶虫脒乳油 不能与强碱性农药(波尔多液、石硫合剂等)混合使用。对桑蚕有毒性。

4.25%吡蚜酮悬浮剂 不能与碱性农药混用。

5.25%噻虫嗪水分散粒剂 每个生长季最多用 2 次。建议与作用机制不同的杀虫剂轮换使用,以延缓抗性的产生。

6.24%螺虫乙酯悬浮剂 安全间隔期 7 ~ 14 天,每个生长季最多用 2 次。建议与其他作用机制不同杀虫剂轮换使用,以延缓抗性产生。不能与碱性农药混合使用。

7.99%矿物油乳油 安全间隔期 20 天,每个生长季最多用 2 次。随配随用,充分搅拌后喷施。喷药期间,应每隔 10 分钟搅拌一次。当气温高于 35℃或土壤干旱和植株缺水时,不能使用。夏季高温时,在早晨和傍晚使用。

十一、茶黄螨

(一)危害对象

茶黄螨是危害蔬菜较重的害螨之一,食性极杂,主要危害茄子、番茄、辣椒、马铃薯、芹菜、木耳菜、萝卜、瓜类、豆类等蔬菜。

(二)危害症状

茶黄螨以成螨和幼螨集中在蔬菜幼嫩部分刺吸危害。受害叶片背面呈灰褐或黄褐色,油渍状,叶片边缘向下卷曲;受害嫩茎、嫩枝变黄褐色,扭曲变形,严重时植株顶部干枯(图85 至图87);受害的蕾和花,重者不能开花、坐果;果实受害果皮变黄褐色。茄子果实受害后,呈开花馒头状。主要在夏、秋季露地发生。

(三)形态特征

1. 雌螨 长约0.21毫米,椭圆形,较宽阔,腹部末端平截,淡黄色至橙黄色,表皮薄而透明,因此螨体呈半透明状。体背部有一条纵向白带。足较短,第4对足纤细,其跗节末端有端毛和亚端毛。腹面后足体部有4对刚毛。假气门器官向后端扩展。

2. 雄螨 长约0.19毫米。前足体有3~4对刚毛。腹面后足体有4对刚毛。足较长而粗壮,第3、第4对足的基节相接。第4对足胫、跗节细长,向内侧弯曲,远端1/3处有一根特别长的鞭状毛,爪退化为纽扣状。

3. 卵 椭圆状,无色透明,表面具纵列瘤状突起。

4. 幼螨 近椭圆形,淡绿色。足3对,体背有一条白色纵带,腹部末端有1对刚毛。

5. 若螨 长椭圆形是静止的生长发育阶段,外面罩着幼螨的表皮。

(四)有效药剂

茶黄螨的防治有效药剂可分为以下几类:①生物源类杀虫剂,如阿维菌素。②拟除虫菊酯类杀虫剂,如联苯菊酯。③其他类杀虫剂,如虫螨腈。

(五)防治方法

1. 农业防治

(1)清洁田园 清除渠埂、田间周围及田间杂草,前茬蔬菜收获后要及早拉秧,彻底清除田间的落果、落叶和残枝,并集中焚烧,同时深翻耕地,压低越冬螨虫口基数。

(2)加强田间管理 温室育苗期间防止螨源带入;控制湿度,温室内相对湿度在80%以下,可抑制茶黄螨卵及幼螨发育。

2. 化学防治 茶黄螨生活周期较短,繁殖力极强,应特别注意要在茶黄螨转移大田扩散初期及时防治,可用2.5%联苯菊酯乳油3 000倍液,或1.8%阿维菌素乳油3 000~4 000倍液,或24%虫螨腈悬浮剂2 000~2 500倍液等喷雾,每隔10天喷洒1次,连续防治

2～3次。药剂要重点喷洒到植株上部的幼嫩部位,如嫩叶背面、嫩茎、花器、幼果等。

(六)专家告诫

虫螨腈使用注意事项参见本节"一、菜粉蝶",阿维菌素参见本节"二、小菜蛾",联苯菊酯参见本节"四、棉铃虫"。

十二、叶螨

(一)危害对象

叶螨俗称红蜘蛛,危害多种蔬菜。

(二)危害症状

在生产上造成危害较重的种类是朱砂叶螨、二斑叶螨、截形叶螨、山楂叶螨等。叶螨体型微小,主要危害叶片,常以若螨和成螨群聚叶背吸取汁液,使叶片呈灰白色或枯黄色细斑,严重时叶片干枯脱落。也危害嫩梢、花蕾和果实。虫口数量急剧增加后常造成植株生长受抑制甚至枯死。被害植株往往稍矮,品质和产量明显下降。

(三)形态特征

1. 朱砂叶螨

(1)雌螨 体长0.48毫米,体宽0.33毫米,椭圆形,锈红色或深红色,肤纹突三角形至半圆形,在身体两侧各具一倒"山"字形黑斑,体末端圆,呈卵圆形。

(2)雄螨 体长0.36毫米,体宽0.2毫米,体色常为绿色或橙黄色,较雌螨略小,体后部尖削。

(3)卵 圆形,初产乳白色,后期呈乳黄色,产于丝网上。

2. 二斑叶螨

(1)雌成螨 体长0.42～0.59毫米,椭圆形,体背有刚毛26根,排成6横排。生长季节为白色、黄白色,体背两侧各具一块黑色长斑,取食后呈浓绿、褐绿色;当密度大,或种群迁移前体色变为橙黄色。在生长季节绝无红色个体出现。滞育型体呈淡红色,体侧无斑。与朱砂叶螨的最大区别为在生长季节无红色个体,其他均相同。

（2）雄成螨　体长 0.26 毫米,近卵圆形,前端近圆形,腹末较尖,多呈绿色,与朱砂叶螨难以区分。

（3）卵　为球形,长 0.13 毫米,光滑,初产为乳白色,渐变橙黄色,将孵化时现出红色眼点。

（4）幼螨　初孵时近圆形,体长 0.15 毫米,白色,取食后变暗绿色,眼红色,足 3 对。

（5）若螨期　前若螨体长 0.21 毫米,近卵圆形,足 4 对,色变深,体背出现色斑;后若螨体长 0.36 毫米,与成螨相似。与朱砂叶螨仅有下列区别:①体色为淡黄色或黄绿色;②后半体的肤纹突呈较宽阔的半圆形;③卵初产时为白色;④雌螨有滞育。

3. 截形叶螨

（1）雌螨　体长 0.44 毫米,体宽 0.31 毫米,椭圆形,深红色,足及颚体白色,体侧有黑斑。

（2）雄螨　体长 0.37 毫米,体宽 0.19 毫米。

（四）有效药剂

叶螨的防治有效药剂可分为以下几类:①生物源类杀虫剂,如阿维菌素。②拟除虫菊酯类杀虫剂,如氰戊菊酯、甲氰菊酯、高效氯氟氰菊酯、联苯菊酯等。③其他类杀虫剂,如虫螨腈。

（五）防治方法

1. 农业防治

（1）清洁田园　铲除田边杂草,清除残株败叶,可消灭部分虫源和早春寄主。

（2）增加湿度　天气干旱时,注意灌溉,增加菜田湿度,不利于其发育繁殖。

2. 化学防治　叶螨的防治指标为苗期有虫株率达到5%,成株期有虫株率达到10%,防治适期为叶螨转移大田扩散初期。可用21%氰戊菊酯·马拉硫磷乳油 2 000 ~ 4 000 倍液,或 20% 甲氰菊酯乳油 2 000 倍液,或 2.5% 高效氯氟氰菊酯乳油 4 000 倍液,或 2.5% 联苯菊酯乳油 3 000 倍液,或 1.8% 阿维菌素乳油 2 000 倍液,或24% 虫螨腈悬浮剂 2 000 ~ 3 000 倍液喷雾,每隔10天喷洒1次,连续防治 2～3 次。

（六）专家告诫

20%甲氰菊酯乳油在甘蓝上的安全间隔期为 3 天,每个生长季最多用 3 次。为避免抗性,应与其他作用机制不同的杀虫剂交替使用。不可与碱性农药混合使用。低温条件下药效更高、残效期更长,提倡早春和秋冬施药。药液随配随用,在害虫发生初期用药效果最好。

十三、蓟马

（一）危害对象

蓟马是一种靠植物汁液维生的昆虫,在生产上危害较重的种类有瓜蓟马、葱蓟马等。瓜蓟马主要危害各种瓜类蔬菜及茄子等。葱蓟马寄主范围广泛,达 30 种以上,主要受害的作物有葱、洋葱、大蒜等百合科蔬菜和葫芦科、茄科蔬菜等。

（二）危害症状

蓟马以成虫和若虫锉吸植株幼嫩组织(枝梢、叶片、花、果实等)汁液,被害的嫩叶、嫩梢变硬卷曲枯萎,植株生长缓慢,节间缩短;被害的幼嫩果实会硬化,严重时造成落果,影响产量和品质。茄子受害时,叶脉变黑褐色,发生严重时,也影响植株生长。大葱受害时在葱叶上形成许多长形黄白斑纹,严重时,葱叶扭曲枯黄。

（三）形态特征

蓟马系小型昆虫,锉吸式口器。蓟马全生育阶段分卵、若虫、成虫三个阶段,属不完全变态类型。

1. 瓜蓟马　体长约 1 毫米,金黄色,头近方形,复眼稍突出,单眼 3 只,红色、排成三角形,单眼间鬃位于单眼三角形连线外缘,触角 7 节,翅两对,周围有细长的缘毛,腹部扁长。卵长 0.2 毫米,长椭圆形,淡黄色。若虫黄白色,3 龄,复眼红色。年发生 10～12 代,世代重叠。

2. 葱蓟马　又称烟蓟马、棉蓟马。体长 1.2～1.4 毫米,体色自浅黄色至深褐色不等。触角 7 节。翅狭长,翅脉稀少,翅的周缘具长缨毛。若虫共 4 龄。年发生 6～10 代,世代重叠。

(四)有效药剂

蓟马的防治有效药剂可分为以下几类:①生物源类杀虫剂,如多杀菌素、乙基多杀菌素等。②其他类杀虫剂,如虫螨腈、吡虫啉等。

(五)防治方法

1. 农业防治

(1)清洁田园　早春清除田间杂草和枯枝残叶,集中烧毁或深埋,消灭越冬成虫和若虫。

(2)加强肥水管理　促使植株生长健壮,减轻危害。

2. 物理防治　利用蓟马趋蓝色的习性,在田间设置蓝色黏板,诱杀成虫,黏板高度与植株持平。

3. 化学防治　可用10%多杀菌素悬浮剂 2 500～3 500 倍液,或 6%乙基多杀菌素悬浮剂 3 000～6 000 倍液,或24%虫螨腈悬浮剂 2 000～3 000 倍液,或 10%吡虫啉可湿性粉剂 1 000 倍液喷雾,隔 7～10 天 1 次,连喷 2～3 次。

(六)专家告诫

10%吡虫啉可湿性粉剂安全间隔期为 20 天。不宜在强阳光下喷雾,以免降低药效。用药处理后的种子禁止供人、畜食用,也不得与未处理的种子混合。

十四、美洲斑潜蝇

(一)危害对象

幼、成虫均可危害黄瓜、豆角、番茄等多种蔬菜。

(二)危害症状

雌成虫把植物叶片刺伤,进行取食和产卵,幼虫潜入叶片和叶柄危害,产生不规则蛇形白色虫道,叶绿素被破坏,影响光合作用,受害重的叶片干枯脱落,严重的造成毁苗。美洲斑潜蝇发生初期虫道呈不规则线状伸展,虫道终端常明显变宽别于番茄斑潜蝇(图88)。

（三）形态特征

1. 成虫　体长 1.3～2.3 毫米,浅灰黑色,胸背板亮黑色,体腹面黄色,雌成虫体比雄虫大。

2. 卵　米色,半透明,(0.2～0.3)毫米×(0.1～0.15)毫米。

3. 幼虫　蛆状,初无色,后变为浅橙黄色至橙黄色,长 3 毫米,后气门突呈圆锥状突起,顶端三分叉,各具一开口。

4. 蛹　椭圆形,橙黄色,腹面稍扁平,(1.7～2.3)毫米×(0.5～0.7)毫米。

美洲斑潜蝇形态与番茄斑潜蝇极相似,美洲斑潜蝇成虫胸背板亮黑色,外顶鬃常着生在黑色区上,内顶鬃着生在黄色区或黑色区上,蛹后气门 3 孔。而番茄斑潜蝇成虫内、外顶鬃均着生在黑色区,蛹后气门 7～12 孔。

（四）有效药剂

美洲斑潜蝇的防治有效药剂可分为以下几类:①生物源类杀虫剂,如阿维菌素。②几丁质合成抑制剂,如灭蝇胺。

（五）防治方法

1. 农业防治

(1)清洁田园　把被美洲斑潜蝇危害的植株残体集中深埋或烧毁。

(2)套种或轮作　在美洲斑潜蝇危害重的地区,要考虑蔬菜布局,把其嗜好的瓜类、茄果类、豆类与其不危害的蔬菜种类进行套种或轮作;同时,适当疏植,增加田间通透性。

2. 物理防治　采用灭蝇纸诱杀成虫,在成虫始盛期至盛末期,每亩设置 15 个诱杀点,每个点放置 1 张诱蝇纸诱杀成虫,3～4 天更换 1 次。

3. 化学防治　美洲斑潜蝇的防治适期应根据防治农药类型、防治时机而定。用菊酯类等触杀性农药防治时,防治适期为成虫发生始盛期,用灭蝇胺类等生长调节剂类农药防治时,防治适期为卵孵盛期至初龄幼虫始盛期。喷洒 20% 阿维菌素·杀虫单微乳剂 1 000～1 500 倍液,或 1.8% 阿维菌素乳油 1 500～3 000 倍液,或 50% 灭蝇胺可湿性粉剂2 500～3 000 倍液。防治时间掌握在成虫羽化高峰即上午 8～12 点效果好。视虫情 5～7 天 1 次,连续 2～3 次。

(六)专家告诫

为了防止灭蝇胺抗药性产生,请勿连续 3 次使用或过量使用。使用该药剂时应较其他常规药剂提前施用,在害虫暴发时应与其他药剂配合使用。

十五、茄二十八星瓢虫

(一)危害对象

茄二十八星又名酸浆瓢虫,危害茄子、番茄、青椒、马铃薯等茄科蔬菜及黄瓜、冬瓜、丝瓜等葫芦科蔬菜,以危害茄子为主。

(二)危害症状

成虫和幼虫舔食叶肉,形成许多不规则半透明的细凹纹,有时也会将叶面吃成空洞或仅留叶脉,严重时全叶食尽。受害果被舔食的部分会变硬,且有苦味,产量和品质下降。

(三)形态特征

1. 成虫　体长 6 毫米,半球形,黄褐色,体表密生黄色细毛。前胸背板上有 6 个黑点,中间的两个常连成一个横斑;每个鞘翅上有 14 个黑斑,其中第二列 4 个黑斑呈一直线,是与马铃薯瓢虫的显著区别(图 89)。

2. 卵　长约 1.2 毫米,弹头形,淡黄至褐色,卵粒排列较紧密(图 90)。

3. 幼虫　末龄幼虫体长约 7 毫米,初龄淡黄色,后变白色;体表多枝刺,其基部有黑褐色环纹,枝刺白色。

4. 蛹　长 5.5 毫米,椭圆形,背面有黑色斑纹,尾端包着末龄幼虫的蜕皮(图 91)。

(四)有效药剂

茄二十八星瓢虫的防治有效药剂有拟除虫菊酯类杀虫剂,如氰戊菊酯、溴氰菊酯、高效氯氟氰菊酯等。

（五）防治方法

1. 农业防治　利用成虫假死习性,人工捕捉成虫,用盆接并叩打植株使之坠落,收集消灭;人工摘除卵块,此虫产卵集中成群,颜色鲜艳,极易发现,易于摘除。

2. 化学防治　在幼虫分散前的有利时机,可用20%氰戊菊酯乳油或2.5%溴氰菊酯乳油或2.5%高效氯氟氰菊酯乳油2 000 ~ 3 000倍液喷雾。视天气,隔10天喷1次,连喷2 ~ 3次。

（六）专家告诫

氰戊菊酯、溴氰菊酯、高效氯氟氰菊酯使用注意事项参见本节"一、菜粉蝶"。

第二节

地下害虫

一、蛴螬

金龟子幼虫通称蛴螬、白地蚕、白土蚕(图92)。

（一）危害对象

蛴螬是多食性害虫,危害各种蔬菜。成虫统称金龟甲和金龟子,主要危害蔬菜的叶、花、果实及嫩茎等。

（二）危害症状

可食害各种蔬菜播下的种子和地下根茎,造成缺苗断垄。

（三）形态特征

危害蔬菜的金龟子主要有东北大黑鳃金龟、华北大黑鳃金龟、铜绿金龟等。

1. 东北大黑鳃金龟

（1）成虫　长椭圆形,体长16 ~ 22毫米,宽8 ~ 11毫米。黑色或黑褐色,有光泽,小盾片近半圆形,前胸背板有点刻,每鞘翅上有4条明显的纵肋。前足胫节外侧有3个齿,内侧有一根距。腹面各体节之间分界线断开,臀板弧形,顶端呈球形。

（2）卵 椭圆形,初产时乳白色,长约 2.5 毫米,宽约 1.5 毫米,近孵化时为黄白色。

（3）幼虫 老熟后体长 35～45 毫米,头宽 4.9～5.3 毫米,头部黄褐色,胸、腹部乳白色,具胸足 3 对,静止时呈"C"字形。头部前顶刚毛每侧各有 3 根,排成一纵列,肛门孔呈三射裂缝状,肛腹片后部覆毛区散生钩状刚毛,无刺毛列,两侧无裸区。

（4）蛹 长 21～23 毫米,宽 11～12 毫米,化蛹初期为白色,以后变为黄褐色至红褐色,复眼的颜色依发育进度由白色依次变为灰色、蓝色、蓝黑色至黑色。

2. 华北大黑鳃金龟

（1）成虫 与东北大黑鳃金龟相似,但成虫腹部各体节之间分界线明显,臀板后缘较直,顶端虽钝,但为直角。

（2）幼虫 肛腹片后部的钩状刚毛群紧挨肛门孔裂缝处,两侧具明显的横向小椭圆形无毛裸区。

3. 铜绿金龟

（1）成虫 长椭圆形,体长 18～21 毫米,前胸背板及鞘翅铜绿色,有光泽,前胸背板两侧缘黄褐色,各鞘翅上有 3 条隆起纵纹。腹部腹面深褐色(雄)或黄白色(雌)。

（2）卵 长 1.5 毫米,初产乳白色,后变淡黄色。

（3）幼虫 老熟后体长 23～33 毫米,肛门呈"一"字形横裂,肛腹片后部覆毛区正中有 15～18 对刚毛组成的刺毛列,刺毛列外围有深黄色钩状刚毛。

（4）蛹 长 18～25 毫米,淡黄色,羽化前黄褐色,末端圆,有细毛。

（四）有效药剂

蛴螬的防治有效药剂有有机磷类杀虫剂,如辛硫磷、二嗪磷、敌百虫等。

（五）防治方法

1. 农业防治 大面积秋、春耕,并随犁拾虫,腐熟厩肥,以降低虫口数量;在幼虫(蛴螬)发生严重的地块,合理灌溉,促使幼虫(蛴螬)向土层深处转移,避开幼苗最易受害时期。

2. 物理防治　使用频振式杀虫灯防治成虫效果极佳。频振式杀虫灯单灯控制面积30~50亩,连片规模设置效果更好。灯悬挂高度,前期1.5~2米,中后期应略高于植株顶部。一般6月中旬开始开灯,8月底撤灯,每日开灯时间为夜晚9点至翌日凌晨4点。

3. 化学防治

(1)土壤处理　可用50%辛硫磷乳油每亩200~250克,加水10倍,喷于25~30千克细土中拌匀成毒土,顺垄条施,随即浅锄,或每亩用3%辛硫磷颗粒剂2~2.5千克,或每亩用5%二嗪磷颗粒剂1~2.5千克,拌细土20~25千克,在犁地前均匀撒施。并兼治金针虫和蝼蛄。

(2)沟施毒谷　每亩用25%辛硫磷胶囊剂150~200克拌谷子等饵料5千克左右,或50%辛硫磷乳油50~100克拌饵料3~4千克,撒于种沟中,兼治蝼蛄、金针虫等地下害虫。

(3)灌根　对发生危害的菜田,可选用50%辛硫磷乳油1 000倍液,或50%二嗪磷乳油1 000倍液,或90%敌百虫晶体1 000倍液等灌根防治。

(六)专家告诫

1. 辛硫磷　使用注意事项参见本章第一节"一、菜粉蝶"。

2. 二嗪磷　安全间隔期为10天。此药不可与碱性农药和敌稗混合使用,在施用敌稗前后2周内不得使用本剂。不能用铜或铜合金罐、塑料瓶盛装,储存时应放置在阴凉干燥处。莴苣较敏感。

3. 敌百虫　蔬菜安全间隔期7天。药剂稀释后不宜存放过久,应及时使用。豆类对此药较敏感,容易产生药害,不宜使用。

二、蝼蛄

蝼蛄又称小蝼蛄、拉拉蛄、地拉蛄、土狗子、地狗子、水狗。蝼蛄主要有东方蝼蛄(小蝼蛄)和华北蝼蛄(大蝼蛄)(图93)。

（一）危害对象

可危害蔬菜播下的种子和幼苗。

（二）危害症状

蝼蛄以成虫和若虫在土中咬食刚播下的各种蔬菜种子和幼芽，或咬断幼苗的根颈，被害根颈呈乱麻状。蝼蛄形成的隧道又可使幼苗的根与土壤分离，失水干枯死亡。

（三）形态特征

1. 东方蝼蛄

（1）成虫　较华北蝼蛄小，体长30～35毫米，体黄褐色，前胸背板中央有一明显的心脏形凹陷斑，前足腿节内侧外缘较直，缺刻不明显。后足胫节背面内缘有距3～4根（或4根以上）。

（2）卵　椭圆形，长3～3.2毫米，初产时黄白色，以后变为黄褐色、暗紫色。

（3）若虫　灰褐色，腹部末端纺锤形。

2. 华北蝼蛄

（1）成虫　体长39～50毫米，黄褐色，前胸背板中央凹陷不明显，腹部末端近圆筒形，前足腿节内侧外缘弯曲，缺刻明显，后足胫节背面内缘有距1～2根或无。

（2）卵　椭圆形，长2.4～4.8毫米，刚产下为乳白色，以后变为黄褐色、暗灰色。

（3）若虫　黄褐色，腹部末端近圆筒形。

（四）有效药剂

蝼蛄的防治有效药剂有有机磷类杀虫剂，如敌百虫、二嗪磷、辛硫磷等。

（五）防治方法

1. 农业防治　深翻土地；压低幼虫基数。

2. 物理防治

（1）杀虫灯诱杀　利用蝼蛄的趋光性，每50亩设置1个频振式杀虫灯，能诱杀蝼蛄，同时兼诱蛴螬、棉铃虫成虫等趋光性害虫。

（2）粪坑诱杀　在蝼蛄危害较重的地块，每隔3～5米，挖30厘米见方、50 厘米深的坑,于傍晚放新鲜牛马粪 1~1.5 千克,上面盖青草,可诱集蝼蛄,第二天清晨移开盖草进行人工捕杀。

3. 化学防治

(1)土壤处理　50%辛硫磷乳油每亩用200~250克,加水10倍,喷于25~30千克细土拌匀成毒土,顺垄条施,随即浅锄,或以同样用量的毒土撒于种沟或地面,随即耕翻,或混入厩肥中施用,或结合灌水施入;或用5%辛硫磷颗粒剂,每亩用2.5~3千克处理土壤,都能收到良好效果,并兼治金针虫和蛴螬。

(2)毒饵防治　将90%敌百虫晶体1千克用60~70℃适量温水溶解成药液,或50%二嗪磷乳油1千克,或50%辛硫磷乳油1千克用水稀释5倍左右,再与30~50千克炒香的麦麸或豆饼或棉籽饼或煮半熟的秕谷等拌匀,拌时可加适量水,拌潮为宜(以麦麸为例,用手一握成团,手指一戳即散便可),制成毒饵。每亩用3~5千克毒饵,于傍晚(无风闷热的傍晚效果最好)成小堆分散施入田间,可诱杀蝼蛄。在播种时将毒饵施入播种沟(穴)中诱杀蝼蛄。

(六)专家告诫

敌百虫、二嗪磷使用注意事项参见本节"一、蛴螬",辛硫磷参见本章第一节"一、菜粉蝶"。

参考文献

[1]袁会珠.农药使用技术指南[M].北京:化学工业出版社,2011.

[2]闫实.农药对蔬菜质量安全影响研究[J].农业环境与发展,2012(02).

[3]徐映明,朱文达.农药问答(第四版)[M].北京:化学工业出版社,2005.

[4]赵善欢.植物化学保护[M].北京:中国农业出版社,2000.

[5]邵振润,梁帝允.农药安全科学使用指南[M].北京:中国农业科学技术出版社,2014.

[6]孙元峰,夏立,闫振领.新农药应用技术[M].郑州:中原农民出版社,2009.

[7]屠予.农药科学使用指南[M].北京:金盾出版社,2006.

[8]王金荣.农药[M].北京:中国科学技术出版社,1994.

[9]张孝羲,张跃进.农作物有害生物预测学[M].北京:中国农业出版社,2009.

[10]刘鸣韬,李定旭,徐瑞富.蔬菜病虫草害综合治理[M].北京:中国农业科学技术出版社,2002.

[11]张跃进.农作物有害生物测报技术手册[M].北京:中国农业出版社,2006.

[12]张俊丽.病虫害防治要走出四大用药误区[J].农民致富之友,2012(20):111.

[13]隆旺夫.谨防微生物农药使用的误区[J].北京农业,2008(1):41.

[14]熊峰.农药使用中存在的误区与对策[J].植物医生,2007,20(5):50~51.

[15]陈茂春.农药使用中的九个误区[J].农家顾问.2014(5):38~39.

[16] 孙执中.使用农药的误区及对策[J].河北果树,2008(5):34~35.

[17] 王安岐,谭永.蔬菜病虫害药剂防治中存在的误区[J].植物医生,2011,24(2):13~14.

[18] 鲁勇,万继锋.蔬菜生产中农药使用误区盘点[J].蔬菜,2012(1):32~33.

[19] 冯国明.夏季安全喷施农药四错误三注意[J].中国棉花,2008,35(1):37.